中等职业教育电类专业规划教材

电机与变压器

孙锦全　主　编

吴　玢　副主编

杨雯婷　李井林　俞　琴　参　编

高恭娴　主　审

中国铁道出版社

CHINA RAILWAY PUBLISHING HOUSE

内 容 简 介

本书是中等职业教育电类专业规划教材之一。本书按照“三以一化”的原则编写，坚持能力本位，重视实践能力的培养，突出职业技术教育特色。全书内容用7个项目来串联知识点，分别为小型变压器制作与检测、三相变压器的联结与检修、特殊变压器的认识、异步电动机的装配与维修、异步电动机控制线路及其安装、直流电动机、控制电机。

本书适合作为中等职业学校电机电器制造与维修专业及相关专业的教材，也可作为相关企业职业培训的培训教材和技术人员的自学用书。

图书在版编目（CIP）数据

电机与变压器/孙锦全主编. —北京：中国铁道出版社，2011.7（2019.1重印）

中等职业教育电类专业规划教材

ISBN 978-7-113-13035-0

Ⅰ.①电… Ⅱ.①孙… Ⅲ.①电机—中等专业学校—教材 ②变压器—中等专业学校—教材 Ⅳ.①TM

中国版本图书馆CIP数据核字（2011）第098219号

书　　名：电机与变压器
作　　者：孙锦全　主编

策划编辑：周　欢　赵红梅
责任编辑：赵红梅　　**读者热线：**010-63550836
编辑助理：卢　昕　　**封面制作：**白　雪
封面设计：付　巍　　**责任印制：**郭向伟

出版发行：中国铁道出版社（北京市西城区右安门西街8号　　邮政编码：100054）
印　　刷：北京虎彩文化传播有限公司
开　　本：787mm×1092mm　1/16　**印张：**10.75　**字数：**251千
版　　次：2011年7月第1版　　2019年1月第4次印刷
印　　数：4 001~4 500册
书　　号：ISBN 978-7-113-13035-0
定　　价：24.00元

出 版 说 明

为贯彻《国务院关于大力发展职业教育的决定》(国发[2005]35号)精神,落实《教育部关于进一步深化中等职业教育教学改革的若干意见》(教职成[2008]8号)关于"加强中等职业教育教材建设,保证教学资源基本质量"的要求,确保新一轮中等职业教育教学改革顺利进行,全面提高教育教学质量,保证高质量教材进课堂,我们遵循职业教育的发展特色,本着"依靠专家、研究先行、服务为本、打造精品"的出版理念,经过专家的行业分析及充分的市场调查,决定开发本系列教材。

本系列教材涵盖中等职业教育电类公共基础课及机电技术应用、电子技术应用、电子与信息技术、电子电器应用与维修、电气运行与控制、电气技术应用、电机电器制造与维修等专业的核心课程教材。我们邀请工业与信息产业职业教育教学指导委员会和全国机械职业教育教学指导委员会的专家及中国职业技术教育学会教学工作委员会的专家依据教育部新的教改思想,共同研讨开发专业教学指导方案,并请知名专家教授、教学名师、学术带头人及"双师型"优秀教师参与编写,教材体例和教材内容与专业培养目标相适应,且具有如下鲜明的特色:

(1)按照职业岗位的能力要求,采用基础平台加专门化方向的课程结构,设置专业技能课程。公共基础课程和专业核心课程相得益彰,使学生快速掌握基础知识和实践技能。

(2)紧密联系生产劳动和社会实践,突出应用性和实践性,并与相关职业资格考核要求相结合,注重培养"双证书"技能人才。

(3)采用"理实一体化"、"任务引领"、"项目驱动"、"案例驱动"等多种教材编写体例,努力呈现图文并茂的教材形式,贯彻"做中学、做中教"的教学理念。

(4)强大的行业专家、职业教育专家、一线的教师队伍,特别是"双师型"教师的加入,为教材的研发、编写奠定了坚实的基础,使本系列教材全面符合中等职业教育的培养目标,具有很高的权威性。

(5)立体化教材开发方案,将主教材、配套素材光盘、电子课件等资源有机结合,具有网上下载习题及参考答案、考核认证等优势资源,有力地提高教学服务水平。

优质教材是职业教育重要的组成部分,是广大职业学校学生汲取知识的源泉。建设高质量符合职业教育特色的教材,是促进职业教育高效发展、为社会培养大量技能型人才的重要保障。我们相信,本系列教材的出版对于中等职业教育的教学改革与发展将起到积极的推动作用,同时希望更多的专家和一线教师加入到我们的研发和创作团队中来,为更好地服务于职业教育,奉献更多的精品教材而努力。

中国铁道出版社

前　言

FOREWORD

大力发展职业教育，改革职业教育现行的培养规格、课程模式、教学内容、教材教法，为我国经济建设培养数以万计的高素质的技能型人才，是职业教育发展的目标。按照教育部关于课程改革的相关规定，中国铁道出版社组织全国职业教育专家召开了新一轮中职规划教材的研讨会，根据会议精神并结合新一轮课程改革的要求，我们成立了《电机与变压器》规划教材的编写小组。

“电机与变压器”是中等职业学校电气类、电机电器制造与维修等专业学生必修的一门主干课程。它所研究的对象具有实用性和普遍性，是其他后续专业课程的基础，在专业课程设置中具有关键性的地位。本书适合作为中等职业学校电气类、机电类及电机电器制造与维修等专业教材，也可作为相关企业职业培训的培训教材和相关技术人员的自学用书。

编写小组经过深入调研，在对中职学校电气、机电和电机等专业人才培养规格、能力要求、职业标准分析的基础上，遵循技术型、技能型人才职业能力形成的规律，着眼于学习者知识、技能和情感态度的培养以及专业能力、方法能力、社会能力的形成，按照“三以一化”（以能力为本位、以职业实践为主线、以项目课程为主体的模块化专业课程体系）的原则编写该规划教材。教材坚持能力本位，重视实践能力的培养，突出职业技术教育特色。根据电工类专业毕业生所从事职业的实际需要，合理确定学生应具备的能力结构与知识结构，对教材内容的深度、难度做了较大程度的调整，理论知识以必须、够用为度，去掉较为复杂的向量分析、计算等抽象逻辑运算，深入浅出，对某些知识点点到为止，不做深入分析；同时，进一步加强实践性教学内容，增加实践技能中的材料选取、电机控制线路安装、电机检修后的测试与维护等实用性较强的知识点和技能，以满足企业对技能型人才的需求。吸收和借鉴各地中等职业技术学校教学改革的成功经验，教材的编写采用了理论知识与技能训练一体化的模式，使教材内容更加符合学生的认知规律，易于激发学生的学习兴趣。

本书根据科学技术发展，合理更新教材内容，尽可能多地在教材中充实新知识、新技术、新设备和新材料等方面的内容，力求使教材具有较鲜明的时代特征，如在控制电机的项目中主要讲了步进电动机、伺服电动机的应用等。同时，在教材编写过程中，严格贯彻国家有关的技术标准。

本书尽可能使用图片、实物照片或表格形式将各个知识点生动地展示出来，力求给学生营造一个更加直观的认知环境。全书内容用7个项目来串联知识点，项目中包括项目引言、学习目标、能力目标，任务中又以“知识链接”、“技能与方法”、“总结与评价”、“思考与练习”4个内容展开，引导学生学做结合，实现“做中学，做中教”。在完成一个个项目任务的过程中，职业能力和职业素养得到提高。

在设计本书的结构时，主要包括以下特色：

(1) 引言：以生活实例、生产情景引出学习任务，激发学生学习兴趣，诱发探究欲望。

(2)项目学习目标、能力目标:引导学生有的放矢学与做。

(3)知识链接:以“必须、够用”为原则,围绕学习任务,将相关知识传授给学生,作为学生知识储备环节。

(4)技能与方法:“想一想”通过问题启发学生思考,引出操作实例;“练一练”简述操作要点,小步子学习法引导学生寻路探真;“注意”总结操作步骤中的关键点;“小提示”提醒学生仪器仪表、安全操作方面要点及职业素养的养成。

(5)总结与评价、思考与练习:使学生及时了解自己学习情况,以学生为主、教师为辅进行讨论,评价所学知识和技能的掌握程度。

本书由孙锦全任主编,吴玢任副主编,杨雯婷、李井林、俞琴参与了编写工作,南京信息职业技术学院副教授高恭娴任主审。具体分工为项目1、项目2由孙锦全编写,项目3由俞琴编写,项目4由李井林编写,项目5由吴玢编写,项目6、项目7由杨雯婷编写。

在本书的编写过程中,还得到安徽职业技术学院程周教授、鹤壁煤业技师学院王建平老师、苏州工业园区工业技术学校强锋老师的支持和帮助,在此表示衷心的感谢。

由于编写时间仓促,加之编者水平有限,书中难免存在错误和不妥之处,敬请广大读者批评指正。

编　者

2011年4月

目录

CONTENTS

项目1　小型变压器制作与检测

项目引言：

变压器是一种电能转换装置，它以相同的频率，不同的电压和电流把能量从一个电路转换到另一个电路中去。变压器作为变电的主要装置在实际生产生活中有较为广泛的应用，变压器在输电线路中的应用如图1-1-1所示。

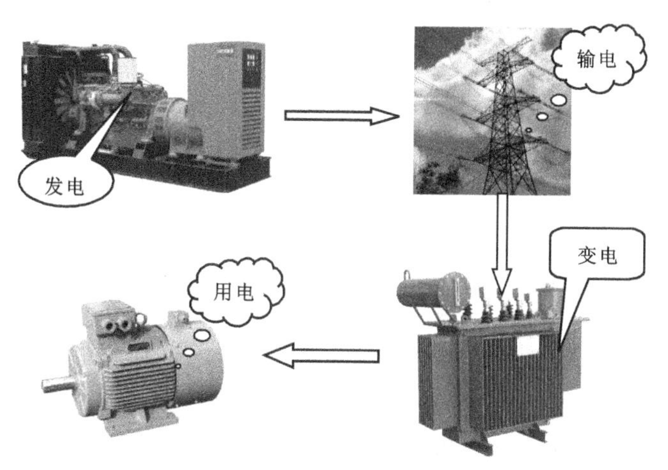

图1-1-1　变压器在输电线路中的应用

小型变压器多用于控制系统和家用电器等小容量电源，结构简单，损坏后多采用更换的方法进行修理。通过制作小型变压器，可以加深对变压器结构、材料选用、工作原理等的认识。

学习目标：

(1) 了解并熟悉变压器的用途、结构、工作原理。

(2) 掌握变压器的运行原理，并学会分析变压器的运行特性。

(3) 熟悉变压器的极性概念，并掌握变压器的测试内容及方法。

(4) 掌握对电压调整率的要求。

(5) 熟悉掌握变压器运行概念。

能力目标：

(1) 学会绕制小型变压器。

(2) 学会常用工具的使用。

(3) 学会变压器的测试。

任务1　小型变压器的制作

知识链接

1. 变压器的种类及用途

变压器是一种常用的电气设备，种类较多，分类方法也多种多样。常见分类方法有：

1）按相数分

① 单相变压器：用于单相负荷和三相变压器组。

② 三相变压器：用于三相电气系统的升、降电压。

2）按冷却方式分

① 干式变压器：依靠空气对流进行冷却，一般用于局部照明、电子线路等小容量变压器。

② 油浸式变压器：依靠油作冷却介质，如油浸自冷、油浸风冷、油浸水冷、强迫油循环等变压器就是典型的油浸式。

3）按用途分

① 电力变压器：用于输配电系统的升、降电压。

② 仪用变压器：用于测量仪表和继电保护装置等的特殊变压器，如电压互感器、电流互感器等。

③ 试验变压器：能产生高压，对电气设备进行高压试验。

④ 特种变压器：属于专用变压器，如电炉变压器、整流变压器、调整变压器等。

4）按绕组形式分

① 双绕组变压器：用于连接电力系统中的两个电压等级。

② 三绕组变压器：一般用于电力系统区域变电站中，连接三个电压等级。

③ 自耦变电器：用于不同电压的电力系统的连接，也可作为普通的升压或降压变压器用。

5）按铁心形式分

① 心式变压器：用于高压的电力变压器。

② 壳式变压器：用于大电流的特殊变压器，如电炉变压器、电焊变压器；用于电子仪器及电视机、收音机等的电源变压器。

常见变压器实物外形如图1-1-2所示。

图1-1-2 常见变压器

2. 变压器的结构及工作原理

变压器利用电磁感应原理将一种电压、电流的交流电能转换成同频率的另一种电压、电流的电能。换言之，变压器就是实现电能在不同等级之间进行转换的装置。

变压器的主要部件是一个铁心和套在铁心上的两个绕组，它们构成了变压器的器身。它的结构形式如图 1-1-3 所示。

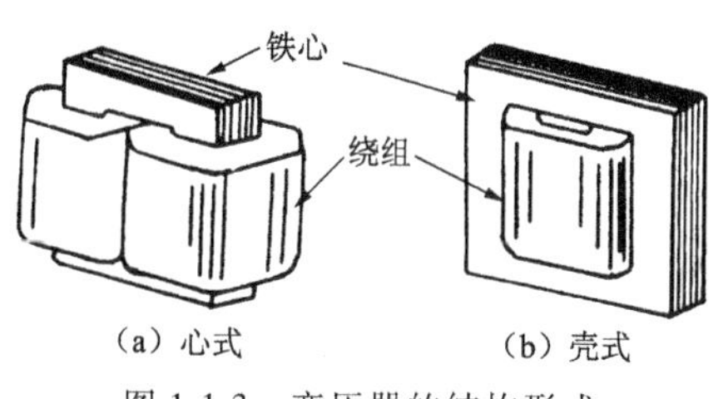

图 1-1-3 变压器的结构形式

① 铁心：既构成了变压器的磁路，同时又是套装绕组的骨架。铁心由铁心柱和铁轭两部分构成。铁心柱上套绕组，铁轭将铁心柱连接起来形成闭合磁路。其常见形式如图 1-1-4 所示。

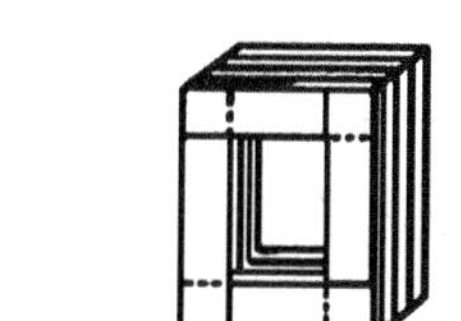
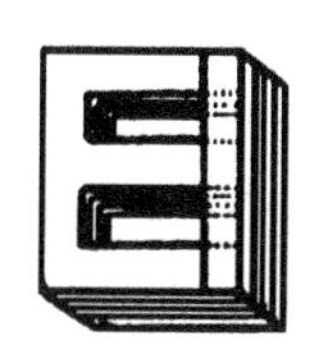
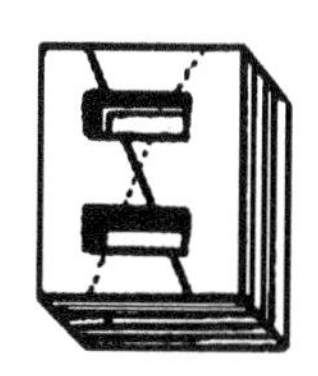
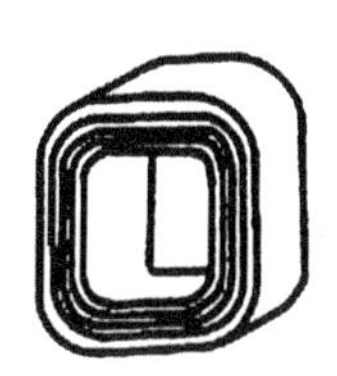

图 1-1-4 铁心的常见形式

② 绕组：绕组是变压器的电路部分，它由铜或铝绝缘导线绕制而成。

- 一次绕组：输入电能。
- 二次绕组：输出电能。

一、二次绕组通常套装在同一个心柱上，其原理图如图 1-1-5 所示。一、二次绕组具有不同的匝数，通过电磁感应作用，一次绕组的电能就可传递到二次绕组，且使一、二次绕组具有不同的电压和电流。

在两个绕组中，电压较高的称为高压绕组，电压较低的称为低压绕组。从高、低压绕组的相对位置来看，变压器的绕组又可分为同心式、交迭式。由于同心式绕组结构简单，制造方便，所以国产的变压器大多采用这种结构，交迭式主要用于特种变压器。

图 1-1-5 中的各个符号说明如下：

- 一次绕组：电压 u_1，电流 i_0，电动势 e_1，匝数 N_1；
- 二次绕组：电压 u_2，电流 i_2，电动势 e_2，匝数 N_2；
- 磁通量为 Φ。

假设图 1-1-5 所示为理想变压器（不计一、二次绕组的电阻和铁损耗，其间耦合系数$K=1$的变压器称为理想变压器）。

描述理想变压器的电动势平衡方程式为

$$e_1(t) = -N_1 \frac{\Delta\Phi}{\Delta t} \qquad (1\text{-}1\text{-}1)$$

$$e_2(t) = -N_2 \frac{\Delta\Phi}{\Delta t} \qquad (1\text{-}1\text{-}2)$$

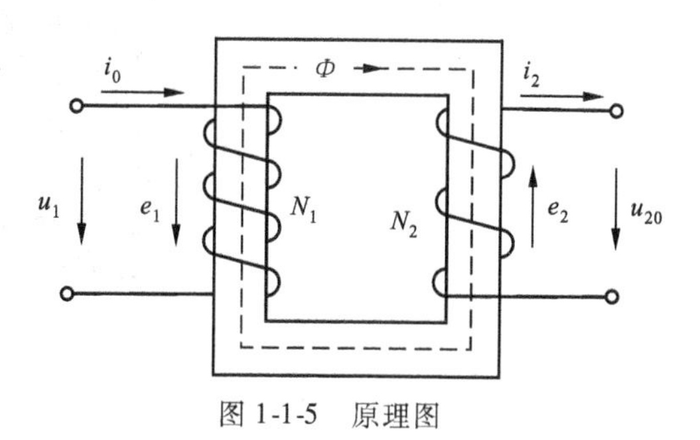

图 1-1-5 原理图

若一、二次绕组的电压、电动势的瞬时值均按正弦规律变化，则有

$$\frac{U_1}{U_2}=\frac{E_1}{E_2}=\frac{N_1}{N_2} \tag{1-1-3}$$

不计铁心损失，根据能量守恒原理可得

$$U_1I_1=U_2I_2 \tag{1-1-4}$$

由此得出一、二次绕组电压和电流有效值的关系

$$\frac{U_1}{U_2}=\frac{I_2}{I_1} \tag{1-1-5}$$

令 $K=N_1/N_2$，称为匝比（又称电压比），则

$$\frac{U_1}{U_2}=K \tag{1-1-6}$$

$$\frac{I_1}{I_2}=\frac{1}{K} \tag{1-1-7}$$

例 1-1 如图 1-1-6 所示，低压照明变压器一次绕组匝数 $N_1=600$ 匝，一次绕组电压 $U_1=220\text{V}$，现要二次绕组输出电压 $U_2=72\text{V}$，求二次绕组匝数 N_2 及电压比 K。

解： 由式（1-1-3）、（1-1-6）得

$$N_2=\frac{U_2}{U_1}\times N_1=\frac{72}{220}\times 660\ \text{匝}=216\ \text{匝}$$

$$K=\frac{U_1}{U_2}=\frac{220}{72}\approx 3.06$$

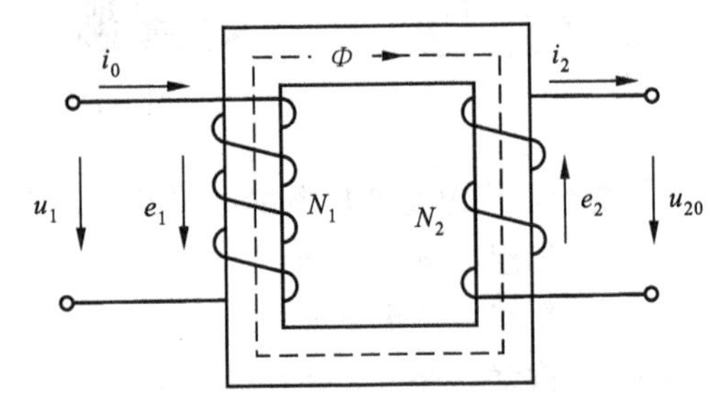

图 1-1-6 低压照明变压器原理图

③ 其他部件：除器身外，典型的油浸电力变压器中还有油箱、变压器油、绝缘套管及继电保护装置等部件，如图 1-1-7 所示。

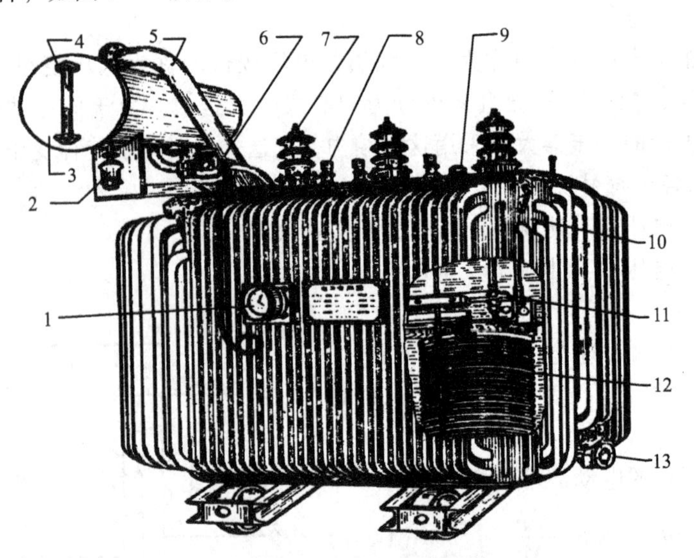

图 1-1-7 油浸式电力变压器

1—信号式温度计；2—吸湿器；3—储油柜；4—油表；5—安全气道；
6—气体继电器；7—高压套管；8—低压套管；9—分接开关；
10—油箱；11—铁心；12—绕组及绝缘；13—放油阀门

3. 变压器用电工材料

1）铁心

铁心是变压器的磁路部分，为了提高磁路的导磁性能，减少磁滞、涡流损耗，铁心一般用高磁导率的磁性材料——硅钢片叠装而成。硅钢片有热轧和冷轧两种，其厚度为 0.35 ~ 0.5mm，两面涂以厚 0.02 ~ 0.23mm 的漆膜，使片与片之间绝缘。常用的硅钢片如图 1-1-8 所示。

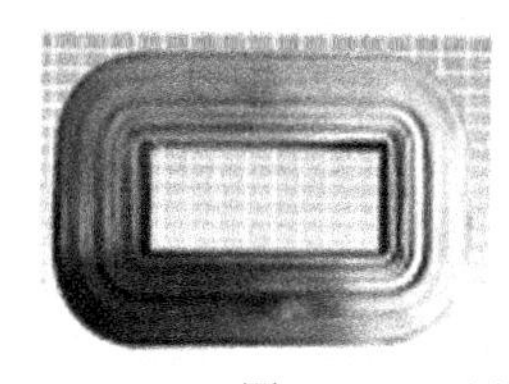

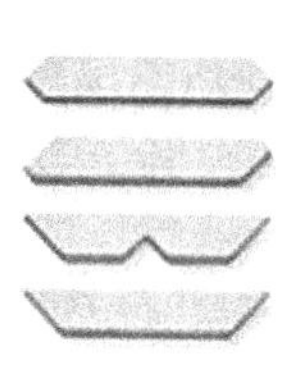

图 1-1-8　硅钢片

2）绕组

绕组是变压器的电路部分，它是用纸包的绝缘扁线或圆线绕成。变压器绕组导线的选择计算见附录说明。

常用纸包线、漆包线的外观如图 1-1-9 所示，规格见附表 1、附表 2。

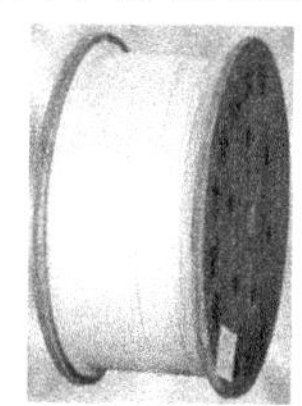

图 1-1-9　纸包线、漆包线

4. 变压器铭牌

变压器铭牌相当于变压器的身份证，如图 1-1-10 所示。

电力变压器

<table>
<tr><td rowspan="2">分接位置</td><td colspan="2">高　压</td><td>标准代号</td><td colspan="4">GB 1094.1，2—1996</td><td></td></tr>
<tr><td>电压 V</td><td>电流 A</td><td>标准代号</td><td colspan="4">GB 1094.3，5—1985</td><td></td></tr>
<tr><td>Ⅰ</td><td>10 500</td><td rowspan="3">4.6</td><td>产品型号</td><td colspan="4">S9-80/10</td><td></td></tr>
<tr><td>Ⅱ</td><td>10 000</td><td>产品代号</td><td colspan="2">INB.710.5315.1</td><td>相数</td><td>3</td><td>相</td></tr>
<tr><td>Ⅲ</td><td>9 500</td><td>额定容量</td><td>80</td><td>kV · A</td><td>额定频率</td><td>50</td><td>Hz</td></tr>
<tr><td colspan="2">低压</td><td></td><td>冷却方式</td><td colspan="2">ONAN</td><td>器身质量</td><td>320</td><td>kg</td></tr>
<tr><td colspan="2">电压 V</td><td>电流 A</td><td>使用条件</td><td colspan="2">户外式</td><td>油质量</td><td>100</td><td>kg</td></tr>
<tr><td colspan="2">400</td><td>115.5</td><td>车接组别号</td><td colspan="2">Dyn11</td><td>总质量</td><td>500</td><td>kg</td></tr>
<tr><td colspan="2">阻抗电压</td><td>%</td><td>绝缘水平</td><td colspan="5">LI75　AC35</td></tr>
<tr><td colspan="3"></td><td>出厂序号</td><td colspan="4"></td><td></td></tr>
<tr><td colspan="3"></td><td>制造年月</td><td></td><td>年</td><td></td><td>月</td><td></td></tr>
</table>

中华人民共和国　　　　＊＊变压器厂

图 1-1-10　变压器铭牌

变压器上一般都有一个铭牌，它标明变压器的额定运行值，变压器的额定值主要有：

① 额定容量 S_N：它是指变压器的额定视在功率，单位为 kV·A，MV·A。

② 额定电压：包括一次额定电压 U_{1N}，二次额定电压 U_{2N}，单位为 V 或 kV 等。

③ 额定电流：包括一次额定电流 I_{1N}，二次额定电流 I_{2N}，单位为 A 或 kA 等。

④ 额定频率以 Hz 为单位。我国电力系统、电力设备的工作频率为 50Hz。

当变压器接在额定频率 f，额定电压 U_{1N} 的电网上，一次侧电流为 I_{1N}，二次侧电流为 I_{2N}，并且功率因数为额定值时，称为变压器处于额定状态，此时的负载为额定负载，变压器应长期工作在这种状态下。

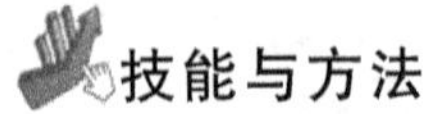

技能与方法

【想一想】：

制作时需要哪些工具？材料又如何选取？

制作小型变压器材料、工具的选择如表 1-1-1 所示。

表 1-1-1 制作小型变压器材料和工具的选择

序号	材料	技术要求	图片	用途
1	硬纸板	0.1～1mm		制作变压器绝缘骨架
2	美工刀	普通规格		纸板骨架划槽
3	胶水	502		固定骨架、挡板用
4	绕线机			绕制线圈
5	电工工具箱	电工工具一套（含电烙铁、万用表）		引出线的连接
6	绝缘纸	绝缘纸或黄绸带		层间绝缘
7	漆包线	0.2mm		线圈绕组
8	硅钢片	E形，0.03～0.05mm		铁心
9	木槌			铁心的拆卸

【练一练】:

1. 线圈的绕制步骤

小型变压器是一种应用比较广泛的单相变压器，其结构较为简单，损坏后一般采用更换的方法修理，没有合适配件时，可以按照原样绕制进行修复。绕制小型变压器，一般是在选定的铁心上装配绕好的线圈，再经检测和浸漆后使用。因此，小型变压器的制作步骤为：① 绕制线圈；② 器身装配；③ 检测；④ 浸漆烘干。

1）木心的制作或选购

绕制变压器线圈时，必须将漆包线绕在预先做好的线圈骨架上，骨架内塞有木心。木心中间沿轴线方向钻有供绕线机转轴穿过的孔，具体如图 1-1-11 所示。

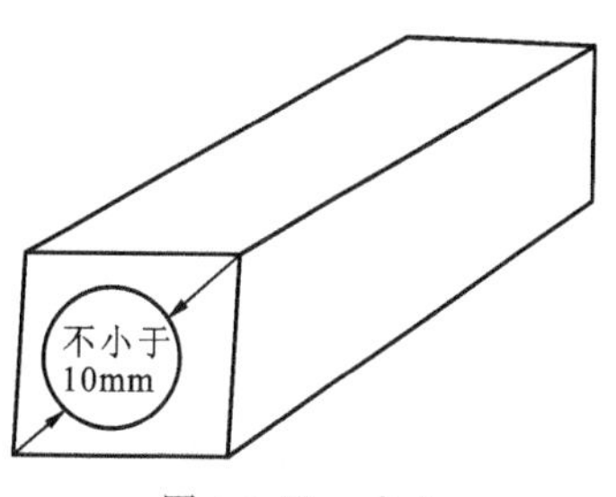

图 1-1-11　木心

2）骨架的制作

线圈骨架由立柱和挡板构成，常采用各种绝缘板材料制作。

其制作形式主要有以下两种：

① 通常是用纸板制作有挡板的骨架。硬纸板厚度选用 0.5 ~ 1mm，制作一个方形筒和两个方形挡板。

制作方法：先把硬纸板按需要尺寸剪成图 1-1-12（a）所示的形状，在每个折痕处用小刀划一条深度为纸板厚度 1/3 的槽。内孔成矩形的骨架立柱，矩形的尺寸应保证比铁心横截面积略大，以铁心刚好能插进为宜，如图 1-1-2（b）所示。

挡板可参照图 1-1-13（a）所示的形状下料，中间方孔四周用小刀划成深度为纸板厚度 1/3 的槽，再将两条对角线划穿，然后折成四个等腰三角形。若这四个等腰三角形底线处纸板太厚，制成骨架后影响铁心窗口面积，可将纸板揭去一层，再将方形筒插入方孔，端部与挡板外侧齐平，用胶水将结合部粘牢，如图 1-1-13（b）所示。

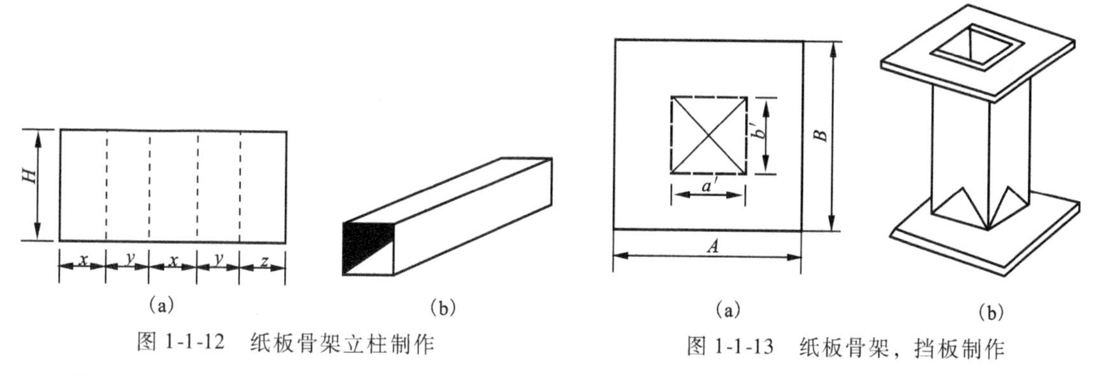

图 1-1-12　纸板骨架立柱制作

图 1-1-13　纸板骨架，挡板制作

② 对质量要求较高的变压器，可以制成积木式骨架，材料以胶木板、环氧板、塑料板等绝缘材料为主。

3）绕制过程

（1）线包绕制的要求

线包绕制的好坏，是决定变压器质量好坏的关键，对绕制线包的要求是：

① 绕得紧。外一层要紧压在内一层上。若是方形线包，绕完后应成方形，不能成圆形或椭圆形，否则将造成铁心窗口容纳不下线包。

② 绕得密。相邻的导线之间不应留有空隙，如有空隙，将造成后一层导线下陷，影响平整。严重的会压破层间绝缘纸而造成短路。

③ 绕得平。每一层导线要排列平整，层内严禁重叠。只要前一层不平，后面就更难绕平。

（2）线包的绕法

变压器线包绕制的原则，是按原样修复，一般有如下三种绕法：

① 平绕。一般的电源变压器和控制变压器多用此法。绕线中各匝之间排列紧密，每绕完一层，垫上层间绝缘后再绕下一层。

② 分段绕或分层绕。工作电压较高的变压器为了加强绝缘，可采用分段绕法，如图 1-1-14 所示。

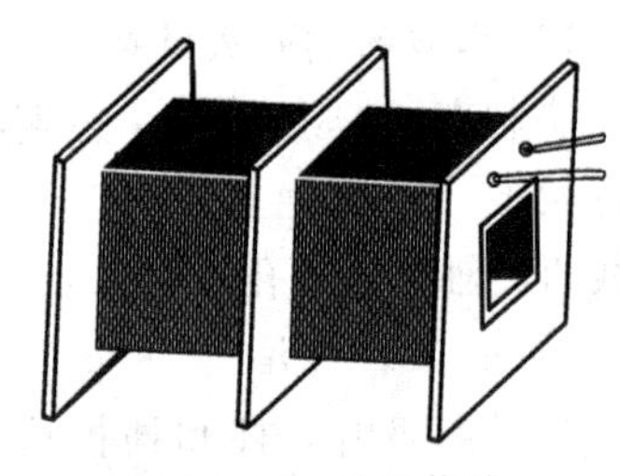
图 1-1-14　分段绕法

分层绕是为了减小绕组的分布电容和漏磁通，它是将一、二次绕组分成几层绕制，先将一次绕组绕一部分后，接着绕一部分二次绕组，再绕一部分一次绕组，绕一部分二次绕组，即一、二次绕组分层间绕。

③ 双股并绕。为了保证有中心抽头的绕组，抽头前后两段的直流电阻、电感一致，而采用这种绕法。

（3）线包绕制中应该注意的问题

① 做好引出线。绕线圈的漆包线直径在 0.2mm 以上的都用本线直接引出，绕线圈的漆包线直径在 0.2mm 以下的一般用多股软线作引出线，条件许可的才用薄铜皮做引出线。

引出线的做法如图 1-1-15 所示。引出线的连接如图 1-1-16 所示。

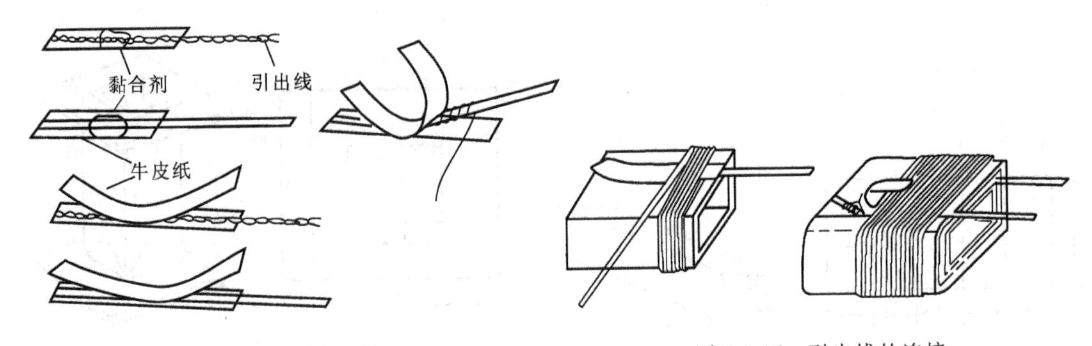

图 1-1-15　引出线做法

图 1-1-16　引出线的连接

② 绕线。绕线前，将绕线机牢固的固定在工作台上，绕线机转轴要平直，木心与转轴同心，以保证转轴旋转平稳，无晃动和颤抖，如图 1-1-17 所示。

③ 安放层间绝缘。每绕完一层导线应安放一层绝缘材料（如绝缘纸或黄蜡绸等）。安放绝缘纸必须从骨架所对应的一个舌宽面开始安放，如图 1-1-18 所示。

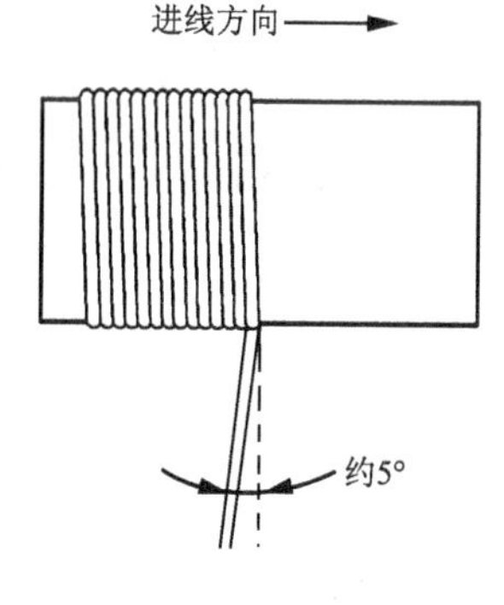

图 1-1-17 绕线角度

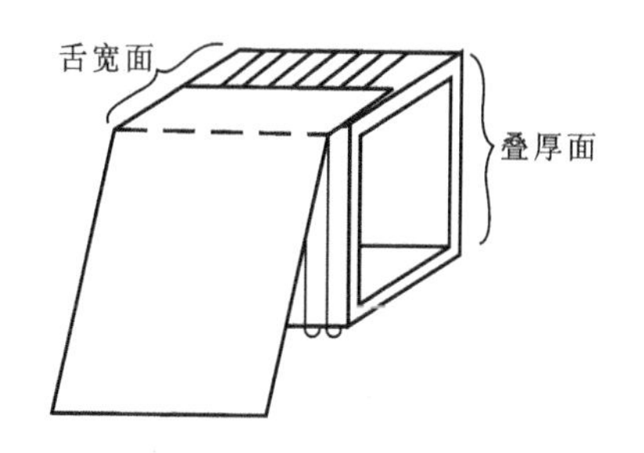

图 1-1-18 安放层间绝缘

4）线包的检测

① 外观检查。检查线圈引线有无断线、脱焊、绝缘材料有无机械损伤，然后得电检查有无焦臭味、冒烟，如有应排除故障后再做其他检查。

② 用万用表或电桥检查各绕组的通断及直流电阻。绕组电阻较大，能用万用表测量的，才用万用表。绕组电阻较小，特别是漆包线较粗的线圈，用万用表很难测出它的短路故障，这时最好用双电桥检测，看各绕组的直流电阻是否与标称值相符。

用兆欧表检测各绕组之间，各绕组与铁心间、与屏蔽层间的绝缘电阻。冷态时可达 50MΩ 以上，旧变压器热态下也应高于 1MΩ。

5）线包浸漆

浸漆的目的是使绝缘漆充满绝缘物毛细孔内、导线间、铁心间、线包与铁心间的空隙，使外界潮气不能浸入。同时将线包与铁心黏结在一起，增强机械强度。

① 预烘。将变压器置于功率较大的白炽灯或红外线白炽灯下烘烤 3～5h，驱除内部潮气，如图 1-1-19 所示。

② 浸漆。将预烘干燥的变压器浸没于绝缘漆中，浸泡 1h 左右，如图 1-1-20 所示。开始时线包中有气泡溢出，经过 1h 左右，基本上不再冒泡，说明线包已经浸透绝缘漆。

图 1-1-19 预烘

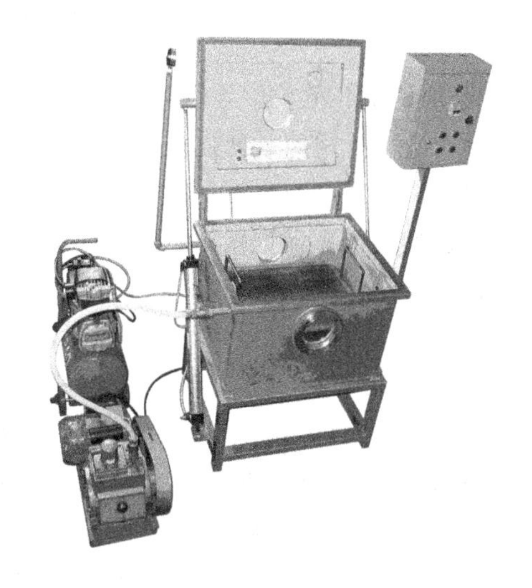

图 1-1-20 浸漆机

③ 滴漆。将浸透的变压器悬吊在铁丝网上，使得吸附在表面及空隙中多余的漆滴去，经过 2～3h 基本可以滴尽。

④ 烘烤。将滴尽漆的变压器放进烘箱，先在 70～80℃的低温下烘烤 4～6h，再在 90～115℃高温烘烤 8h，烘烤后复查绝缘电阻，达到要求即可使用。

2. 装配与测试

1）装配要求

变压器器身装配就是把绕好的线圈与铁心装配在一起，构成完整的器身。在装配过程中要求做到：① 装的紧；② 注意保护绝缘，以免造成短路；③ 铁心片叠插整齐。

2）硅钢片检查

① 检查硅钢片是否平整，冲制时是否留下毛刺，不平整将影响装配质量，毛刺容易造成磁路短路及增大涡流。

② 检查表面是否锈蚀。锈蚀后的斑块会增加硅钢片的厚道，减少铁心有效截面积，同时又容易吸潮，降低变压器的绝缘性能。

③ 检查硅钢片表面绝缘是否良好，如有剥落，应重新刷漆。

3）装配工艺

① 对于控制类变压器、电源变压器的铁心装配通常采用交叉插片法，如图 1-1-21 所示。

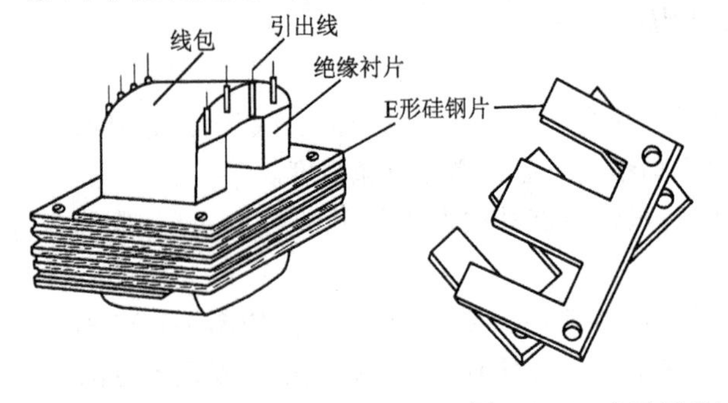

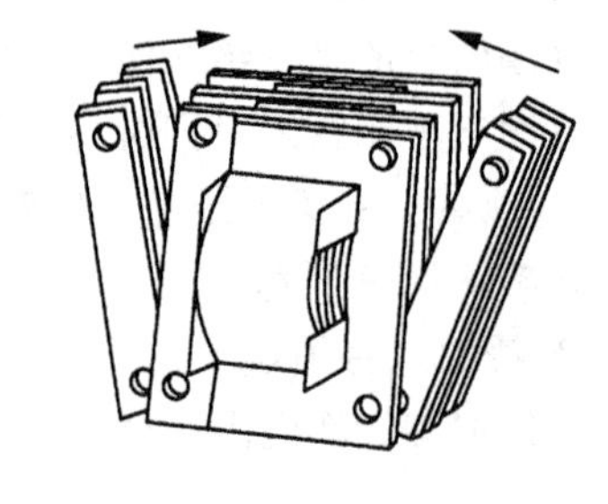

图 1-1-21　交叉插片法

先在线圈骨架左侧插入 E 形硅钢片，根据情况可插入 1～4 片。接着在骨架右侧也插入相应的片数，这样左右两侧交替对插，直到插满。最后将 I 形硅钢片（横条）按铁心剩余空隙厚度叠好，插进去即可。

完成后的变压器如图 1-1-22 所示。

4）装配好后的测试

① 用万用表或电桥检查各绕组的通断及直流电阻。

② 测量空载电流，小型变压器的空载电流可到达额定电流的 10% 左右，若空载电流过大，则变压器损耗会增大，温升偏高。

测量额定输出电压，当变压器输入端接额定电压，输出电流达额定值时，测出的输出电压就是额定输出电压。

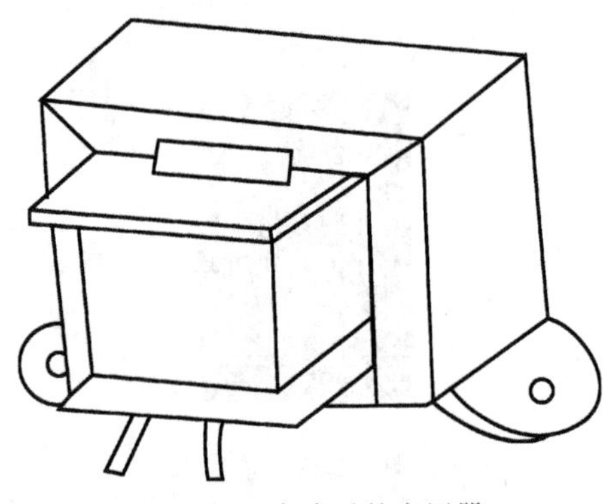

图 1-1-22　完成后的变压器

测量温升，变压器在额定伏安（容量）下运行数小时，温度稳定后温度不得超过40～50℃。

注意：要严格遵守变压器绕制过程的工艺要求非常严格。变压器制作步骤与制作后的检查非常重要，要注意要点。过程记录是职业素养的一个重要组成部分。

变压器在制作过程中，需要有一个较为规范的操作流程，其中记录表格的填写非常关键，表1-1-2、表1-1-3所示为常用的记录表格，请结合制作和检查步骤认真填写，并学会通过分析现象，得出结论，总结规律。

表1-1-2 小型变压器的制作记录表

步骤	训练内容	记录		结论
1	设计变压器	铁心规格		
		一次绕组数据		
		二次绕组数据		
2	制作骨架	骨架材料		
		骨架下料尺寸		
		制作方法		
3	绕制方法	引出线规格		
		层间绝缘材料、尺寸		
		静电屏蔽材料、尺寸		
4	绕制方法	插片方法		
		共用片数		

表1-1-3 小型变压器制作后的检查

步骤	训练内容	记录		结论
1	外观检查	引出线焊接情况		
		绕阻绝缘情况		
		铁心是否整齐、紧密		
2	测量绕组直流电阻	一次绕组		
		二次绕组		
2	测量绕组绝缘电阻	一次绕组对铁心		
		二次绕组对铁心		
		一次绕组对屏蔽层		
		二次绕组对屏蔽层		
		一次绕组对屏蔽层		
		一、二次绕组之间		
4	空载试验	空载电流		
		空载电流		
		空损耗		
5	有载试验	电压变化率		
		温升		
6	耐压试验	有无击穿现象		

注意：①设计制作小型变压器时，要注意工具的使用与选择。②制作过程中工艺要求是质量保证的根本，检查与测试是完好变压器的保证。③搞好团队建设、合理的小组分工协作是提高效率的关键。④不要忘了实训完毕的6S（整理、整顿、整洁、清扫、素养、安全）整理。

总结与评价

理论知识部分主要通过学生口头报告、作业形式进行小组评价或教师评价。实践操作技能部分，一方面要对学生在实操中各个环节运用的有关方法、掌握技能的水平进行定性评价，另一方面还要对学生的实践操作结果进行抽样测量、检查，给予最终定量评价，如表1-1-4所示。

表1-1-4　项目评价记录表

评价项目	项目评价内容	分值	自我评价	小组评价	教师评价	得分
理论知识	了解变压器的分类及用途	5				
	熟悉并掌握变压器结构及工作原理	5				
	会简单计算变压器的电压、电流	5				
	熟悉常用的电工材料	5				
	会识读变压器铭牌，并理解其含义	5				
实操技能	学会电工材料的选取	5				
	学会小型变压器的制作步骤，在老师的指导下完成变压器制作	10				
	学会变压器的装配与调试	5				
	工具的正确使用	5				
	学会正确填写记录表格	5				
安全文明生产	工具、量具的正确使用	5				
	遵守操作规程或实训室实习规程	5				
	工具、量具的正确摆放与用后完好性	5				
	实训室安全用电	10				
	6S整理	5				
学习态度	出勤情况	5				
	车间纪律	5				
	小组合作情况（团队协作）	5				
个人学习总结	成功之处					
	不足之处					
	改进措施					

思考与练习

1. 填空题

（1）变压器按照相数可分为______和______两类。按照用途可分为______、______和______三种。

（2）变压器的主要部件是一个______和套在铁心柱上的两个______，它们构成了变压器的______。

（3）变压器的额定容量是指变压器的______，单位为______。

（4）变压器的额定电压包括______和______，单位为______。

（5）当变压器接在______，______的电网上，______，______，并且功率因数为额定值时，称为变压器处于额定状态，此时的负载为______，变压器应长期工作在这种状态下。

（6）小型变压器的制作步骤分为______、______、______和______四步。

（7）变压器在额定伏安（容量）下运行数小时，温度稳定后温度不得超过______。

2. 判断题

（1）变压器是一种静止的电机，它利用电磁感应原理将一种电压、电流的直流电能转换成另一种直流电压、电流的电能。（　　）

（2）装配好后的变压器测试用万用表检查各绕组的通断及直流电阻。（　　）

（3）对于控制类变压器、电源变压器的铁心装配通常采用交叉插片法。（　　）

（4）浸漆的目的是使绝缘漆充满绝缘物毛细孔内、导线间、铁心间、线包与铁心间的空隙，使外界潮气不能浸入。同时将线包与铁心黏结在一起，增强机械强度。（　　）

（5）绕组是变压器的磁路部分，铁心是变压器的电路部分。（　　）

3. 问答题

（1）什么是变压器？变压器的基本工作原理是什么？

（2）变压器按照其用途的不同可分为哪些类型？

（3）单相变压器由哪两部分组成？各部分的作用是什么？为什么在叠装变压器的铁心时，总是设法将接缝叠得越整齐越好？

（4）为什么目前我国生产的变压器（特别是电力变压器）其铁心均采用冷硅轧钢片制作？

（5）什么是变压器的额定状态？

（6）叙述绕制小型变压器的步骤。

（7）小型变压器的装配工艺及装配要求分别是什么？

（8）装配完后的小型变压器，主要测试项目有哪些？

（9）电力变压器铭牌的主要数据有哪些？

（10）从厂家或者从网上查找变压器型号，并对铭牌进行解释。

（11）什么是6S？请结合自己的感受谈谈6S对个体成长的意义。

（12）额定电压为220V/18V的单相变压器，如果不慎将低压端接到110V的电源上，将产生什么后果？

（13）如在变压器的一次绕组上加上额定值的直流电压，将产生什么后果？为什么？

4. 计算题

（1）电压变比为 220V/24V 的变压器，如接在 110V 的电源上，则输出的电压是多少？

（2）某变压器的 $U_1=380\text{V}$，$I_1=0.263\text{A}$，$N_1=100$，$N_2=103$，求二次绕组对应的输出电压 U_2 及输出电流 I_2。该变压器能否给一个 60W 且电压相当的低压照明灯供电？

任务 2　小型变压器的检测

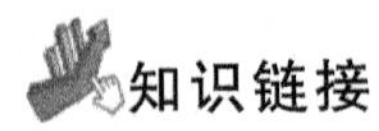

知识链接

1. 变压器运行原理

1）变压器的空载运行

空载运行和电压变换如图 1-2-1 所示，将变压器的一次侧接在交流电压 u_1 上，二次侧开路，这种运行状态称为变压器的空载运行。此时二次侧中的电流 $i_2=0$，电压为开路电压 u_{20}，一次绕组通过的电流为空载电流 i_0，电压和电流的参考方向如图 1-2-1 所示。图中 N_1 为一次绕组的匝数，N_2 为二次绕组的匝数。

图中各交流量按照电工惯例来规定参考方向：

① 在一次绕组内，电压的正方向与电流的正方向一致。

② 磁通的正方向与电流的正方向符合右手螺旋定则。

③ 感应电动势的正方向与产生它的磁通的正方向之间符合右手螺旋定则。

图 1-2-1　变压器空载运行

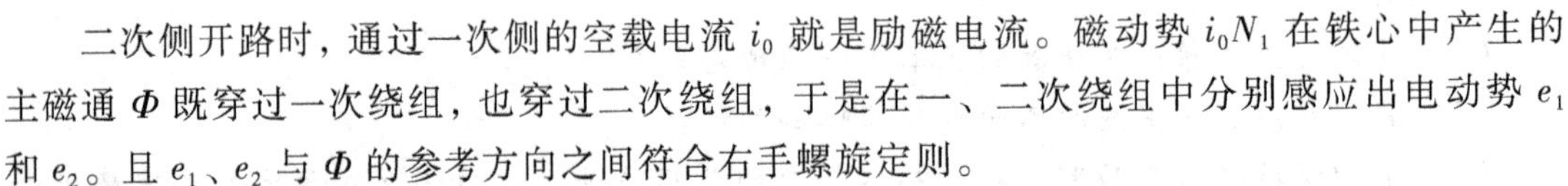

二次侧开路时，通过一次侧的空载电流 i_0 就是励磁电流。磁动势 i_0N_1 在铁心中产生的主磁通 Φ 既穿过一次绕组，也穿过二次绕组，于是在一、二次绕组中分别感应出电动势 e_1 和 e_2。且 e_1、e_2 与 Φ 的参考方向之间符合右手螺旋定则。

e_1 和 e_2 的有效值分别为

$$E_1=4.44fN_1\Phi_m \tag{1-2-1}$$

$$E_2=4.44fN_1\Phi_m \tag{1-2-2}$$

式中，f 为交流电源的频率，Φ_m 为主磁通的最大值。

如果忽略漏磁通的影响并且不考虑绕组上电阻的压降时，可认为一、二次绕组上电动势的有效值近似等于一、二次绕组上电压的有效值，即

$$U_1=E_1 \tag{1-2-3}$$

$$U_2=E_2 \tag{1-2-4}$$

因此

$$\frac{U_1}{U_{20}}\approx\frac{E_1}{E_2}=\frac{N_1}{N_2} \tag{1-2-5}$$

$$U_{20}=\frac{N_2}{N_1}U_1=\frac{1}{K}U_1 \tag{1-2-6}$$

由式（1-2-5）知道：变压器空载运行时，一、二次绕组上电压的比值等于两者的匝数之比，K 称为变压器的电压比。若改变变压器一、二次绕组的匝数，就能够把某一数值的交流电压变为同频率的另一数值的交流电压。

结论：当一次绕组的匝数 N_1 比二次绕组的匝数 N_2 多时，$K>1$ 这种变压器为降压变压器；反之，当 N_1 的匝数少于 N_2 的匝数时，$K<1$，为升压变压器。

注意： 对某台变压器而言，f 和 N 均为常数，因此当加在变压器上的交流电压有效值为恒定值时，则变压器铁心中的磁通保持不变。

2）变压器的负载运行

如图 1-2-2 所示，变压器的一次绕组接交流电压 u_1，二次绕组接上负载 Z_L，这种运行状态称为负载运行。这时二次的电流为 i_2，一次电流由 i_0 增大为 i_1，且 u_0 略有下降，这是因为有了负载后，i_1、i_2 会增大，一、二次绕组本身的内部压降也要比空载时增大，使二次绕组电压 U_2 比 E_2 低一些。因为变压器内部压降一般小于额定电压的 10%，因此变压器有无负载对电压比的影响不大，可以认为负载运行时变压器一、二次绕组的电压比仍然基本上等于一、二次绕组匝数之比。

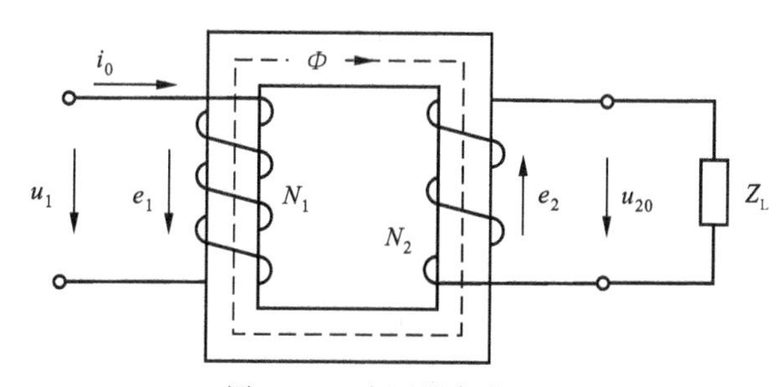

图 1-2-2 变压器负载运行

变压器负载运行时，由 i_2 形成的磁动势 i_2N_2 对磁路也会产生影响，即铁心中的主磁通 ϕ 是由 i_1N_1 和 i_2N_2 共同产生的。由式 $U \approx E \approx 4.44fN\Phi_m$ 可知，当电源电压和频率不变时，铁心中的磁通最大值应保持基本不变，那么磁动势也应保持不变。

$$i_1N_1 + i_2N_2 = i_{10}N_1 \tag{1-2-7}$$

由于变压器空载电流很小，一般只有额定电流的百分之几，因此当变压器额定运行时，$I_{10}N_1$ 忽略不计，则有 $I_1N_1 = I_2N_2$。

可见变压器负载运行时，一、二次绕组产生的磁动势方向相反，即二次电流 I_2 对一次电流 I_1 产生的磁通有去磁作用。因此，当负载阻抗减小，二次电流 I_2 增大时，铁心中的磁通 ϕ_m 将减小，一次电流 I_1 必然增加，以保持磁通 Φ_m 基本不变，所以二次电流变化时，一次电流也会相应地变化。一、二次电流有效值的关系为

$$\frac{I_1}{I_2} = \frac{N_1}{N_2} = \frac{1}{K} \tag{1-2-8}$$

由式（1-2-10）可见，当变压器额定运行时，一、二次的电流之比近似等于其匝数之比的倒数。若改变一、二次绕组的匝数，就能够改变一、二次绕组电流的比值，这就是变压器的电流变换作用。

不难看出，变压器的电压比与电流比互为倒数，因此匝数多的绕组电压高，电流小；匝数少的绕组电压低，电流大。

注意： 在远距离输电线路中，线路损耗与电流的平方乘以线路电阻的乘积成正比，因此在输送同样功率的情况下，如果所用电压越高，电流会越小，输电线路上的损耗越小，可以减小输电导线的截面积，从而大大降低了成本。所以电厂在输送电能之前，必须先用升压变压器将电压升高，传输到用户后，电压不能太高，通常为380V或220V，因此要用到降压器进行降压。

3）阻抗变换

变压器除了具有变压和变流的作用外，还有变换阻抗的作用。如图1-2-3所示，变压器一次侧接电源 U_1，二次侧接负载阻抗 $|Z_L|$，对于电源来说，图中虚线框内的电路可用另一个阻抗 $|Z_L'|$ 来等效。所谓等效，就是它们从电源吸取的电流和功率相等。当忽略变压器的漏磁和损耗时，等效阻抗由下式求得

$$|Z_L'| = K^2 |Z_L| \tag{1-2-9}$$

式中，Z_L 为变压器二次（侧）的负载阻抗。

可见，对于电压比为 K 且变压器二次（侧）阻抗为 $|Z_L|$ 的负载，相当于在电源上直接接一个阻抗为 $|Z'_L| = K^2 |Z_L|$ 的负载，也可以说变压器把负载阻抗 Z_L 变换为 $|Z_L'|$。因此，通过选择合适的电压比 K，可把实际负载阻抗变换为所需的数值，这就是变压器的阻抗变换作用。

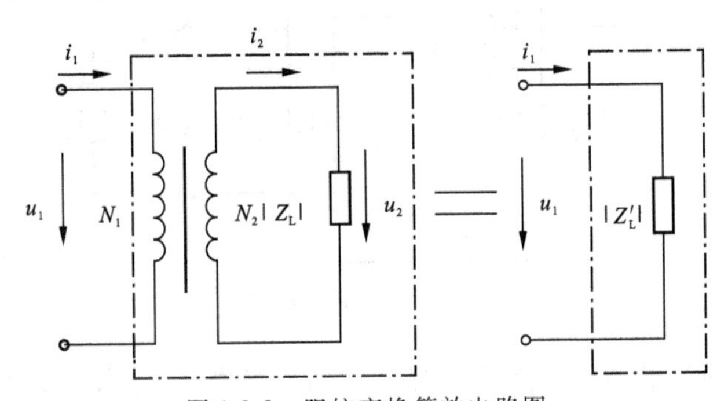

图1-2-3 阻抗变换等效电路图

注意： 在电子线路中，为了提高信号的传输功率，常用变压器将负载阻抗换为与放大电路的输出阻抗相等的数值相匹配，这种做法称为阻抗匹配。

2. 单相变压器运行特性

从变压器的二次侧看，变压器相当于一台发电机，向负载输出电功率，所以变压器的运行特性主要有：

1）外特性

所谓外特性是指一次侧外施电压与二次侧负载功率因数不变时，二次侧端电压随负载电流变化的规律，即 $U_2 = f(I_2)$。一般用变压器的电压调整率来表示。

电压调整率是指一次侧加频率为50Hz的额定电压、二次侧的空载电压与带负载后在某功率因数下的二次电压之差，与二次额定电压的比值。

$$\Delta U\% = \frac{U_{20} - U_2}{U_{2N}} \times 100\% = \frac{U_{2N} - U_2}{U_{2N}} \times 100\% = \frac{U_{1N} - U_2'}{U_{1N}} \times 100\% \tag{1-2-10}$$

经过对变压器结构的分析计算，求得

$$\Delta U\% \approx \beta \left[R_K^* \cos\varphi_2 + X_K^* \sin\varphi_2 \right] \times 100\% \tag{1-2-11}$$

式中 R_K^*——短路电阻标幺值，短路电阻 $R_K = P_K/I_K^2$；

X_K^*——短路电抗标幺值；

φ_2——二次电压和电流相位差；

$\beta = \frac{I_2}{I_{2N}}$——负载系数。

据此画出的特性曲线如图 1-2-4 所示。

由外特性图可知，负载功率因数性质不同，对主磁通的影响也不同，变压器的端电压变化亦不同。

① 纯电阻负载，端电压变化较小。

② 感性负载时主磁通 Φ 呈去磁作用，为了维持 Φ 不变，必须使一次电流增加，同时短路阻抗压降也增加，其结果造成二次电压下降。

③ 容性负载对主磁通 Φ 呈增磁作用，为了维持 Φ 不变，必须减小一次电流，除了补偿短路阻抗压降外，其余部分使二次电压增高。

变压器运行时，二次电压随负载变化而变化，如果电压变化范围太大，则给用户带来很大影响。为了保证二次电压在一定范围内，必须进行电压调整。通常在变压器的高压绕组上设有抽头（分接头），用以调节高压绕组的匝数（亦即调压比），来达到调节二次电压的目的。小型变压器一般有三个分接头（见图 1-2-5），中间一个接头对应于额定电压，上、下两个分接头对应于额定电压改变 ±5%。

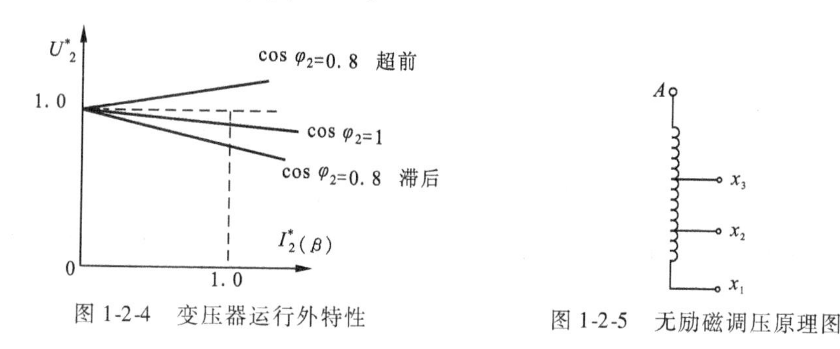

图 1-2-4 变压器运行外特性　　图 1-2-5 无励磁调压原理图

2）效率特性

变压器从电源输入的有功功率 P_1 和向负载输出功率的有功功率 P_2 可分别为

$$P_1 = U_1 I_1 \cos\varphi_1 \tag{1-2-12}$$

$$P_2 = U_2 I_2 \cos\varphi_2 \tag{1-2-13}$$

两者之差为变压器的损耗 ΔP，它包括铜损耗 P_{Cu}、铁损耗 P_{Fe}（每一类包括基本损耗和杂散损耗）两部分。

（1）铜损耗

铜损耗指电流流过线圈时所产生的直流电阻损耗。

基本铜损耗：包括一次绕组铜耗 $P_{Cu1} = I_1^2 R_1$ 和二次绕组铜耗 $P_{Cu2} = I_2^2 R_2$。

附加损耗：因集肤效应引起的损耗以及漏磁场在结构部件中引起的涡流损耗等。

铜耗大小与负载电流平方成正比，故铜损耗又称可变损耗。

（2）铁损耗

基本铁损耗 P_{Fe}：包括磁滞损耗和涡流损耗两部分。

附加损耗：由铁心叠片间绝缘损伤引起的局部涡流损耗、主磁通在结构部件中引起的涡流损耗等。

铁损耗与外加电压大小有关，因为电源电压一般不变，故铁损耗又称为不变损耗。

（3）效率定义

效率是指变压器的输出功率与输入功率的比值，即

$$\eta = \frac{P_2}{P_1} \times 100\%$$

效率大小反应变压器运行的经济性能的好坏，是表征变压器运行性能的重要指标之一。一般小型变压器的效率为95%，大型变压器的效率高达99%。

（4）效率特性

在功率因数一定时，变压器的效率与负载电流之间的关系 $\eta = f(\beta)$，称为变压器的效率特性。其中，$\beta = \frac{I_2}{I_{2N}}$为负载系数。通过数学分析，可以得出

$$\eta = \left(1 - \frac{P_0 + \beta^2 P_{KN}}{\beta S_N \cos\varphi_2 + P_0 + \beta^2 P_{KN}}\right) \times 100\% \qquad (1\text{-}2\text{-}15)$$

变压器效率的大小与负载的大小、功率因数及变压器本身参数有关。据上式绘出效率特性曲线如图1-2-6所示。

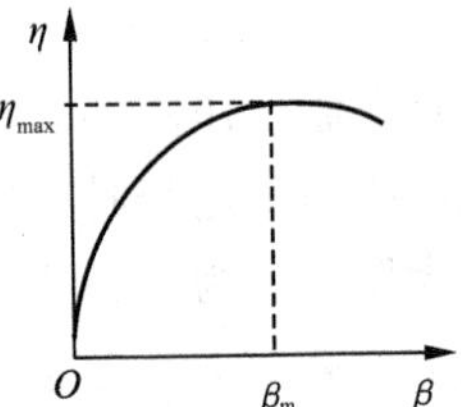

图1-2-6 变压器效率曲线

经过分析，得出变压器产生最大效率的条件为

$$\beta_{max}^2 P_{KN} = P_0 \text{ 或 } \beta_{max} = \sqrt{\frac{P_0}{P_{KN}}} \qquad (1\text{-}2\text{-}16)$$

当铜损耗等于铁损耗（可变损耗=不变损耗）时，变压器效率最大，计算公式为

$$\eta_{max} = \left(1 - \frac{2P_0}{\beta_{max} S_N \cos\varphi_2 + 2P_0}\right) \times 100\% \qquad (1\text{-}2\text{-}17)$$

为了提高变压器的运行效益，设计时，应使变压器的铁损耗小些。变压器长期工作在额定电压下，但是不可能长期满载运行，为了提高运行效率，设计时取 $\beta_m = 0.4 \sim 0.6$ 而 $\frac{P_0}{P_{KN}} = 3 \sim 6$；我国新S9系列变压器$\frac{P_0}{P_{KN}} = 6 \sim 7.5$。

例1-2 S9-500/10低耗三相变压器额定容量为500kV·A，设功率因数为1，二次电压 $U_{2N} = 400\text{V}$，铁损耗 $P_{Fe} = 0.98\text{kW}$，额定负载时铜损耗 $P_{Cu} = 4.1\text{kW}$，求二次额定电流 I_{2N}及变压器效率。

解：

$$I_{2N} = \frac{S_{2N}}{\sqrt{3}U_{2N}} = \frac{500 \times 1000}{\sqrt{3} \times 400}\text{A} \approx 722\text{A}$$

$$P_2 = S_N \cos\varphi = 500\text{kW}$$

$$\eta = \frac{P_2}{P_1} \times 100\% = \frac{P_2}{P_2 + P_{Fe} + P_{Cu}} \times 100\% = \frac{500}{500 + 0.98 + 4.1} \times 100\% \approx 99\%$$

3. 变压器的极性

电池有正极、负极两个电极，在将两个电池进行串联或并联时，必须根据其极性正确连线，即串联时一个电池正极与另一个电池负极相连；并联时正极与正极相连，负极与负

极相连，如图 1-2-7 所示。

变压器的同一相高、低压绕组都是绕在同一铁心柱上，并被同一主磁通链绕，当主磁通交变时，在高、低压绕组中的感应电动势之间存在一定的极性关系，如图 1-2-8 所示。

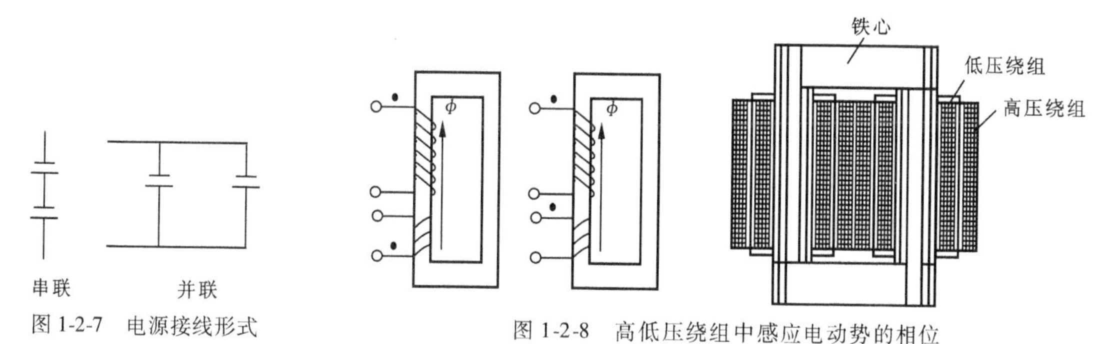

图 1-2-7　电源接线形式

图 1-2-8　高低压绕组中感应电动势的相位

同名端取决于绕组的绕制方向。那么什么是同名端呢？由于变压器高、低压绕组交链着同一主磁通，当某一瞬间高压绕组的某一端为正电位时，在低压绕组上必有一个端子的电位也为正，则这两个对应的端子称为同极性端，并在对应的端子上用符号“·”或“*”标出。绕组标记如表 1-2-1 或表 1-2-2 所示。

表 1-2-1　变压器绕组端子旧的国标符号

绕组名称	单相变压器		三相变压器		中性点
	首　端	末　端	首　端	末　端	
高压绕组	A	X	A、B、C	X、Y、Z	N
低压绕组	a	x	a、b、c	x、y、z	n

表 1-2-2　变压器绕组端子新国家标准符号

绕组名称	单相变压器		三相变压器		中性点
	首　端		末　端		
高压绕组	U_1	U_2	U_1、V_1、W_1	U_2、V_2、W_2	N
低压绕组	u_1	u_2	u_1、v_1、w_1	u_2、v_2、w_2	n

一般同名端采用同一个符号标注，具体如图 1-2-9 和图 1-2-10 所示。

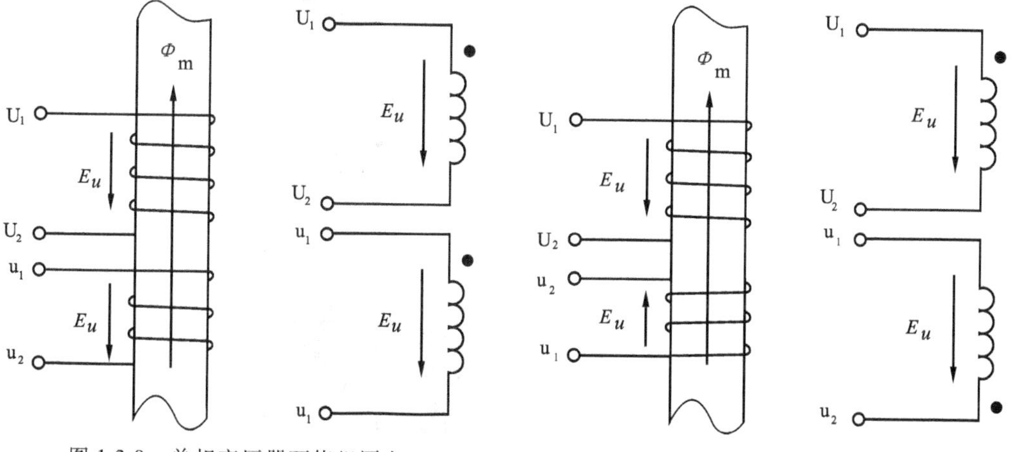

图 1-2-9　单相变压器两绕组同向

图 1-2-10　单相变压器两绕组反向

从图 1-2-9、图 1-2-10 中可以看到一、二次绕组的同极性端同标志时，一、二次绕组的电动势同相位。一、二次绕组的同极性端异标志时，一、二次绕组的电动势反相位。

结论应用：有时不知道绕组的绕向，但知道同名端位置，即可知道实际电动势的相位关系。

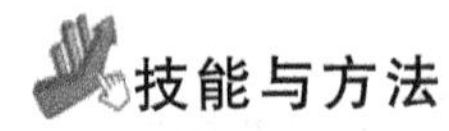

技能与方法

【想一想】：

① 为什么变压器要进行参数测量？常见的试验有哪些？如何进行？

② 如何判别变压器的极性？

【练一练】：

仪器仪表及工具的选择如表 1-2-3 所示。

表 1-2-3　常用仪器仪表及工具

序号	材　料	技术要求	图　　片	用　　途
1	电压表	0～250V		测量短路电压与电源电压
2	电压表	mV 表	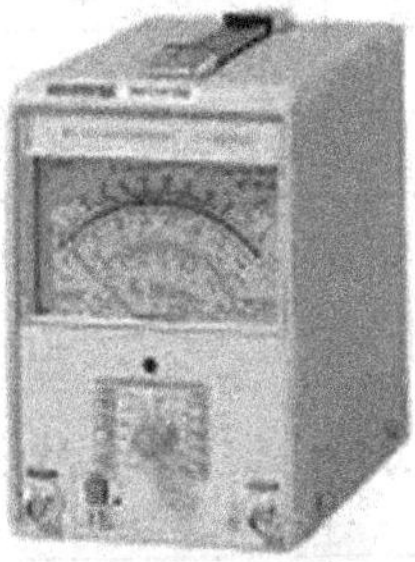	判断极性
3	单相功率表	单相功率表		测量铜损耗与铁损耗
4	电流表	0～10A		测量空载电流及短路试验监视电流

续表

序号	材　料	技术要求	图　　片	用　　途
5	变压器	容量 50V · A, 220/6.3/12/24/36		试验用变压器

1. 变压器空载测试

测试步骤如下：

① 按照图 1-2-11 所示接线。

② 接通电压 u_1，调节其从 0 逐渐增加到额定电压，并填写表 1-2-4。

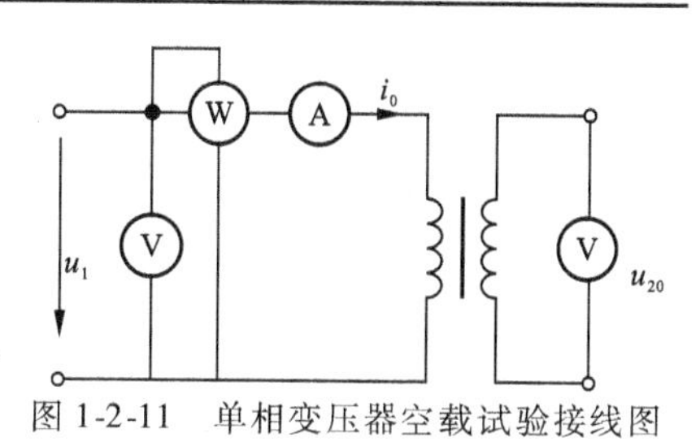

图 1-2-11　单相变压器空载试验接线图

表 1-2-4　测试表 1

序　号 \ 项　目	倍数 * U_1/V	I_0/A	U_{20}/V	P_0/W	特 性 曲 线
1	0				
2	0.1				
3	0.2				
4	0.5				
5	0.75				
6	0.9				
7	1				

③ 计算变压器参数如表 1-2-5。

表 1-2-5　计算分析表 1

参数	电压比 $K=\dfrac{U_1}{U_{20}}$	励磁阻抗 $Z_m=\dfrac{U_1}{I_0}$	励磁电阻 $R_m=\dfrac{P_0}{I_0^2}$	励磁电感 $X_m=\sqrt{Z_m^2-R_m^2}$	空载电流比率 $I_0\%=\dfrac{I_0}{I_{1N}}\times 100\%$
结果					
分析结论					

2. 变压器短路测试

测试步骤如下：

① 电路连接，按照图 1-2-12 所示进行接线。

② 接通电压 U_1，调解其从 0 逐渐增加到 $0.05U_{1N}$ 额定电压，并填写表 1-2-6。

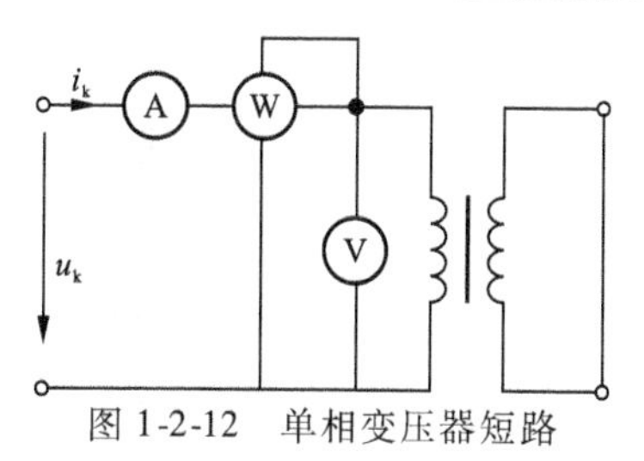

图 1-2-12　单相变压器短路测试接线图

表 1-2-6 测试表 2

项目 序号	倍数 * U_1/V	I_0/A	U_{20}/V	P_0/W	特性曲线
1	0				
2	0.01				
3	0.02				
4	0.03				
5	0.35				
6	0.05				

③ 计算变压器参数，填写表 1-2-7。

表 1-2-7 计算分析表 2

参数	励磁阻抗	励磁电阻	励磁电感
	$Z_m = \frac{U_1}{I_0}$	$R_m = \frac{P_m}{I_m^2}$	$X_m = \sqrt{Z_m^2 - R_m^{\ 2}}$
结果			
分析结论			

3. 交流法测变压器极性

测试步骤如下：

① 按照图 1-2-13 所示进行接线。

② 测量过程。在 N_1 绕组加一个较低的交流电压 U_{12}，再用交流电压表分别测量 U_{12}、U_{13}、U_{34} 各值。

③ 结论分析。如果测量结果为：$U_{13} = U_{12} - U_{34}$，则说明 N_1、N_2 组为反极性串联，故 1 和 3 为同名端。如果 $U_{13} = U_{12} + U_{34}$，则 1 和 4 为同名端。

4. 直流法测变压器极性

① 按照图接线。按图 1-2-14 所示进行连接，用 1.5V 或 3V 的直流电源，直流电源接在高压绕组上，而直流毫伏表接在低压绕组两端。

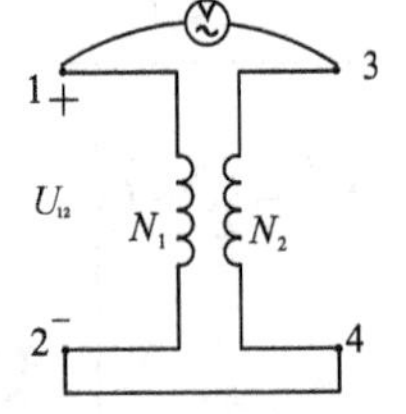

图 1-2-13 交流法测变压器极性接线图

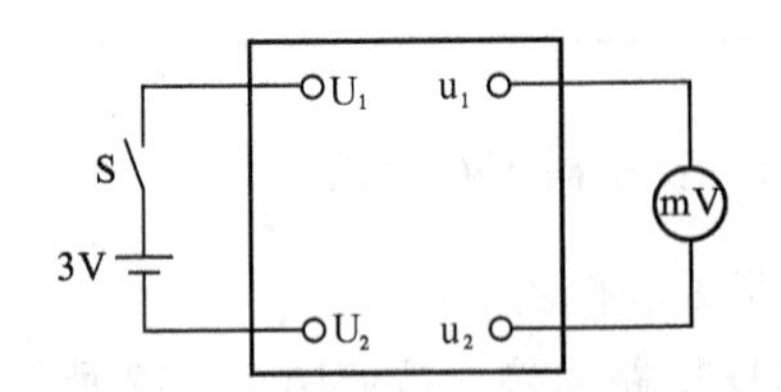

图 1-2-14 直流法测量变压器极性电路图

② 测量过程及结论分析。当开关 S 闭合上的一瞬间，如毫伏表指针向正方向摆动，则接直流电源正极的端子与接直流毫伏表正极的端子为同名端。

注意： 短路测试、空载测试一定要区分是在高压侧还是低压侧进行测量！

a. 空载试验原则上应该在高压侧和低压侧进行都可以。对于电力变压器而言，为了安全起见，通常在低压侧进行，而将高压侧开路。试验时，调节自耦变压器手柄，使加在低压侧的电压为额定电压 U_{2N}。

空载测试的目的：通过测量空载电流和一、二次电压及空载功率来计算变比、空载电流百分数、铁损耗和励磁阻抗。

对于三相变压器，各公式中的电压、电流和功率均为相值，具体测量电路如图 1-2-15 所示。

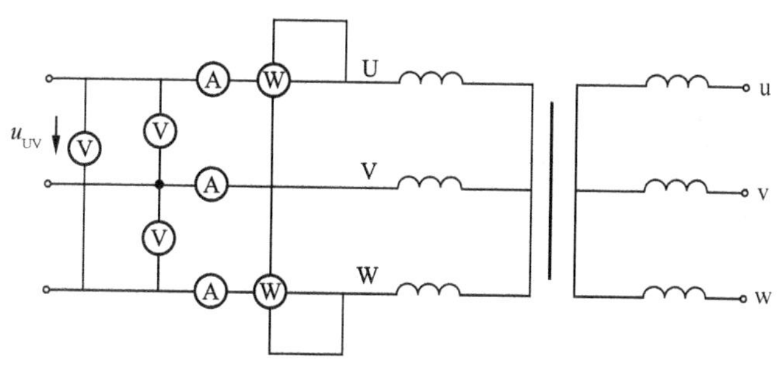

图 1-2-15 三相空载测试电路图

b. 短路试验是在低压侧短路的条件下进行的，高压侧加上很低的电压，使得高压侧电流等于额定值。千万注意不可在一次绕组加上额定电压的情况下把二次绕组短路，因为这会使变压器一次、二次绕组中的电流都很大，导致变压器立即损坏。

目的：通过测量短路电流、短路电压及短路功率来计算变压器的短路电压百分数、铜损耗和短路阻抗。

对三相变压器，各公式中的电压、电流和功率均为相值，具体测量线路如图 1-2-16 所示。

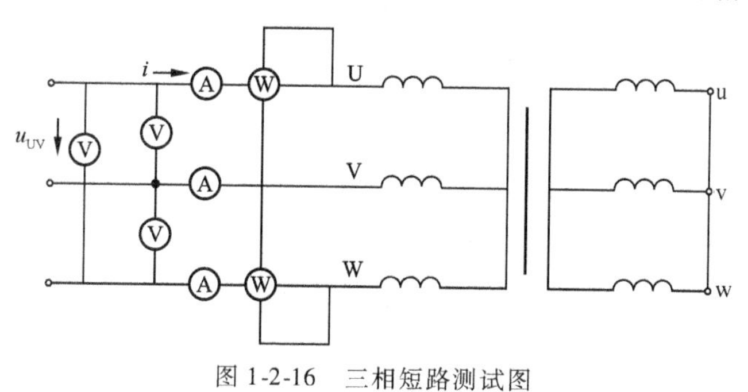

图 1-2-16 三相短路测试图

注意： ①常用仪表的选择及使用是本次测试的关键。②测试过程及电气安全非常重要。③实训结束进行 6S 整理。

总结与评价

理论知识部分主要通过学生口头报告、作业形式进行小组评价或教师评价。实践操作技能部分，一方面要对学生在实践操作中各个环节运用的有关方法、掌握技能的水平进行定性评价，另一方面还要对学生的实践操作结果进行抽样测量、检查，给予最终定量评价。

评价记录如表 1-2-8 所示。

表 1-2-8 项目评价记录表

评价项目	项目评价内容		分值	自我评价	小组评价	教师评价	得分
理论知识	熟悉变压器中各参变量参考方向的规定		5				
	熟悉并掌握变压器运行原理及常用的计算公式		5				
	了解变压器常用的概念		5				
	熟悉并掌握变压器的运行特性		5				
	会简单的计算		5				
实操技能	学会仪器仪表的正确选用		5				
	学会变压器空载、短路试验的方法、步骤		10				
	学会利用测量方法判断变压器极性		10				
	会正确填写记录表格		5				
	会正确接线		5				
安全文明生产	工量具的正确使用		5				
	遵守操作规程或实训室实习规程		5				
	工具量具的正确摆放与用后完好性		5				
	实训室安全用电		10				
学习态度	6S 整理		5				
	出勤情况		5				
	车间纪律		5				
个人学习总结	成功之处						
	不足之处						
	改进措施						

思考与练习

1. 填空题

（1）将变压器的一次侧接在______上，二次（侧）______，变压器的这种运行状态称为空载运行。

（2）变压器空载运行时，一、二次绕组上电压的比值等于两者的______之比 。

（3）外特性是指一次外施电压与二次负载功率因数______时，二次______随负载电流变化的规律，一般用变压器的______来表示。

（4）变压器的损耗 ΔP，它包括______、______两部分。

（5）铁损耗与______大小有关，因为电源电压 U_1 一般不变，故铁损耗又称为______。

（6）效率大小反映变压器运行的经济性能的好坏，是表征变压器运行性能的重要指标之一。一般小型变压器的效率为______，大型变压器的效率高达______。

（7）短路试验是在______短路的条件下进行的，______加上很低的电压，使得高压侧电流等于额定值的一种测试试验。

（8）当一次绕组的匝数 N_1 比二次绕组的匝数 N_2 多时，$K>1$，这种变压器为______变压器；反之，当 N_1 的匝数少于 N_2 的匝数时，$K<1$，为______变压器。

2．画图题

（1）请根据电工惯例，标出图 1-2-17 所示电路中变压器各交变量的参考方向。

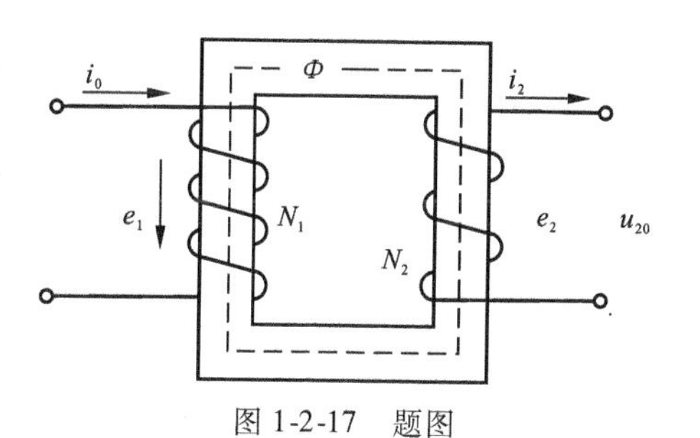

图 1-2-17　题图

（2）画出空载试验的电路图，并叙述实验步骤？

（3）画出变压器的外特性曲线，并分析不同功率因数时的情况。

3．问答题

（1）什么是变压器的空载运行？变压器空载运行的意义是什么？

（2）变压器负载运行的目的是什么？

（3）什么是变压器的电压比？如何根据变压比判断是升压还是降压变压器？

（4）变压器的作用有哪些？

（5）如何利用交流法、直流法测量变压器绕组的极性？

（6）短路试验应注意哪些事项？

（7）分别叙述短路、空载测试的主要参数有哪些？

（8）概念解释：铜损耗、铁损耗、电压调整率、阻抗匹配

（9）什么是同名端？如何表示及标注？如何判别同名端？

（10）什么是变压器的外特性？一般希望电力变压器的外特性曲线呈现什么形状？

（11）变压器在运行中，有哪些基本损耗，它们各与什么因数有关？

4．计算题

（1）一台三相变压器 $S_N=300\text{kV}\cdot\text{A}$，$U_1=10\text{kV}$，$U_2=0.23\text{kV}$，$\text{Y,y}_\text{n}$ 联结，求 I_1 及 I_2。

（2）一台单相变压器 $S_N=10\text{kV}\cdot\text{A}$，$U_1=10\text{kV}$，$U_2=0.4\text{kV}$，当变压器在额定负载下运行时，测得低压侧电压 $U'_2=220\text{V}$，求 I_1、I_2 及电压变化率 $\Delta U\%$。

项目 2　三相变压器的联结与检修

项目引言：

现代电力系统基本上采用三相三线制或三相四线制供配电系统，故三相变压器使用最为广泛。三相变压器与单相变压器相比有其特殊性，如三相变压器的磁路系统、三相变压器绕组的连接方法、三相变压器空载电动势的波形、三相变压器的不对称运行、变压器的并联运行等研究问题都与单相变压器不一样。另外电力系统的稳定运行离不开变压器的日常运行与维护检修工作。

电力系统常用变压器的外形如图 2-1-1 所示。

图 2-1-1　常用电力变压器

学习目标：

(1) 了解三相变压器的用途。

(2) 熟悉变压器的结构形式。

(3) 掌握变压器同名端及联结组标号的判别方法。

(4) 掌握变压器并联运行条件。

(5) 了解并熟悉变压器维护检修操作规程。

能力目标：

(1) 会判断变压器的联结组标号，并会测量变压器的联结组标号。

(2) 学会变压器的日常维护项目及维护方法。

(3) 学会变压器检修。

任务 1　三相变压器的联结

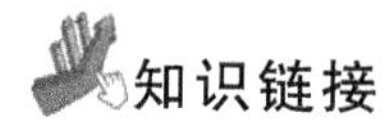

1. 三相变压器的用途

三相变压器在电力系统中应用非常广泛。通过三相变压器可以实现电压的转换，电流的转换，从而保证电能在传输过程中损耗较小，传输距离较远，对环境的破坏最小，转接控制比较方便，在此过程中三相变压器起了非常重要的作用。变压器在供配电线路中的应用如图 2-1-2 所示。

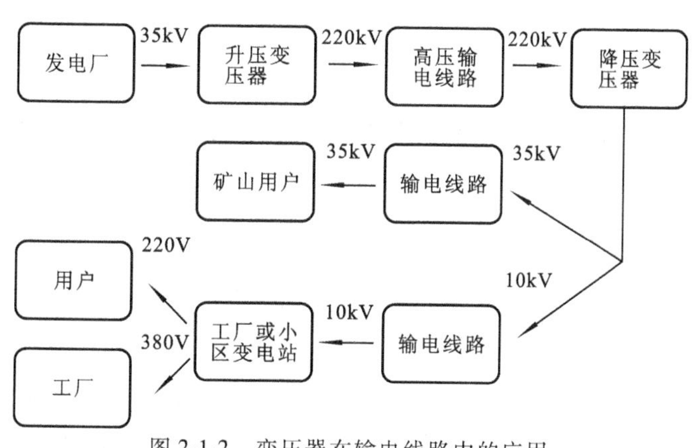

图 2-1-2　变压器在输电线路中的应用

2. 三相电力变压器的结构形式

三相变压器的磁路系统，分为各相磁路彼此无关和彼此相关两类。

三相变压器组是由三台单相变压器组成的，原理图如图 2-1-3 所示。

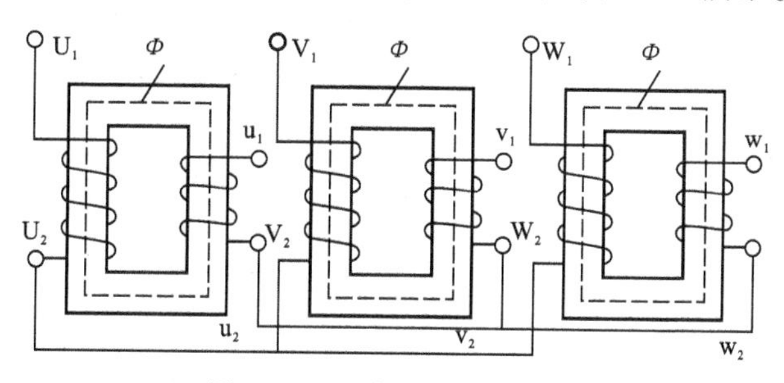

图 2-1-3　三相变压器原理图

1）组式磁路变压器

组式磁路变压器的磁路特点是三相磁路彼此无关联，各相的励磁电流在数值上完全相等。

三相组式变压器的优点是对于特大容量的变压器来讲制造容易，备用量小。但其铁心用料多，占地面积大，只适用于超高压、特大容量的场合。

2）心式磁路变压器

如图 2-1-4 所示，该变压器磁路的特点是三相磁路彼此有关联，磁路长度不等，当外加三相对称电压时，三相磁通对称，三相磁通之和等于零。在这种铁心结构的变压器中，任一瞬间某一相的磁通均以其他两相铁心为回路，因此各相磁路彼此相关联。

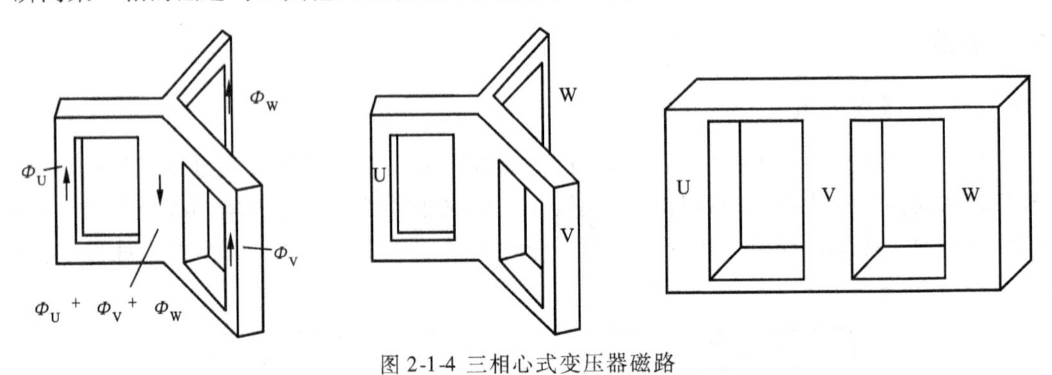

图 2-1-4 三相心式变压器磁路

心式磁路变压器的优点是节省材料，体积小，效率高，维护方便。适用于电力系统中的大、中、小容量的变压器。

3. 变压器的联结方式

变压器的联结方式有星形联结、三角形联结两种。

1）星形联结

把三相绕组的三个末端连在一起，而把它们的首端引出，三个末端连接在一起形成中性点的接线方式称为变压器的星形联结方式。如果将中性点引出，就形成了三相四线制的联结方式，表示为 Y_N 或 y_n，如图 2-1-5 所示。

在对称三相系统中，当绕组为星形联结时，线电流等于相电流，而线电压为相电压的$\sqrt{3}$倍。

2）三角形联结

把一相的末端和另一相的首端连接起来，顺序连接成一闭合电路，这种联结方式称为变压器的三角形联结方式。三角形联结方式又有两种接线方法，表示为 D、d，如图 2-1-6 所示。

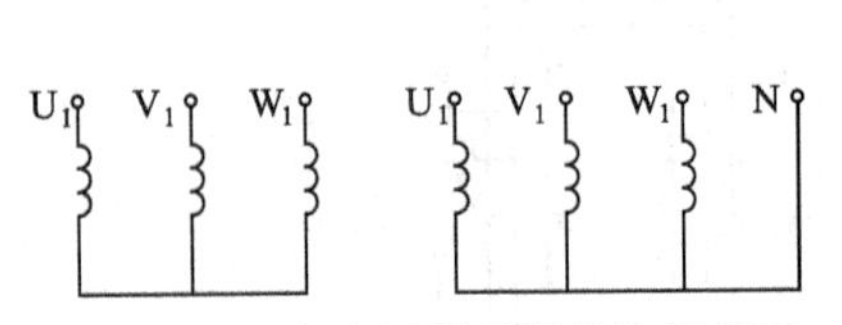

图 2-1-5 三相变压器星形联结原理图

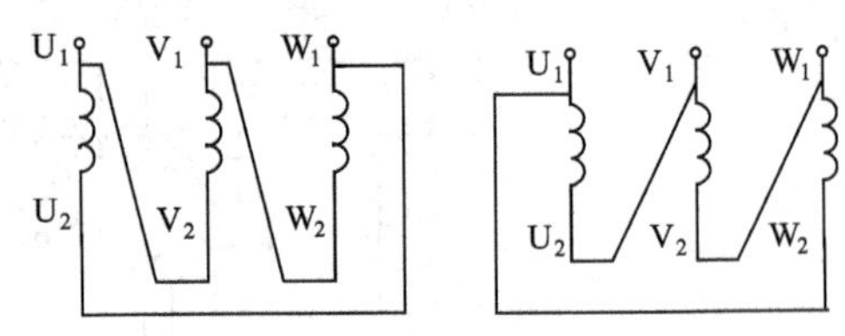

图 2-1-6 三相变压器三角形接线图

在对称三相系统中，当绕组为三角形联结时，线电压等于相电压，而线电流为相电流的$\sqrt{3}$倍，三相变压器一、二次侧的线电压额定值之比称为三相变压器线电压比。根据相应的绕组联结换算为一、二次绕组相电压比，近似为一相铁心柱上绕组电动势之比。

绕组接法表示：①Y,y 或 Y_N,y 或 Y,y_n；②Y,d 或 Y_N,d；③D,y 或 D,y_n；④D,d。

如图 2-1-7 所示为 Y_N,y 接法，高压绕组接法大写，低压绕组接法小写，字母 N、n 是星形联结法的高低压侧中点引出标志。

3）三相变压器的联结组标号

两台或多台变压器并联运行时，除了要知道一、二次绕组的联结方法外，还需要知道一、二次绕组对应的线电压之间的相位差，以便于确定各台变压器能否并联。我们把三相变压器一、二次绕组的联结方法及其一、二次绕组线电压的相位差称为三相变压器的联结组别；一、二次绕组线电压相位差用时钟的时数来表示，长针表示高压侧线电压 $\dot{E}_{UV}$，永远指向“12”点钟，并把短针所指时数（短针，根据高、低压绕组线电势之间的相位指向不同的钟点）称为联结组别的标号。时钟法如图 2-1-8 所示。

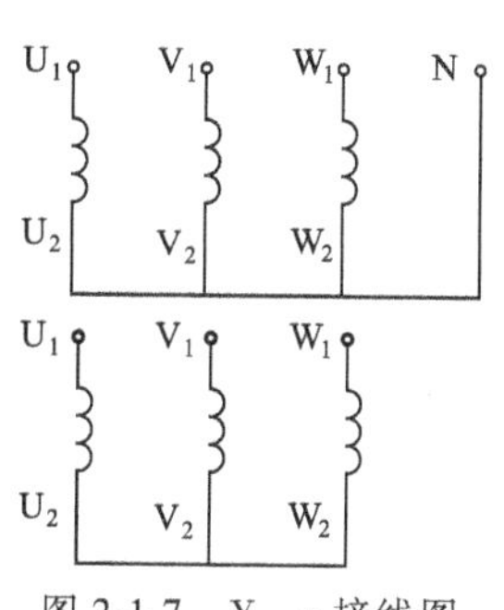

图 2-1-7　Y_N,y 接线图

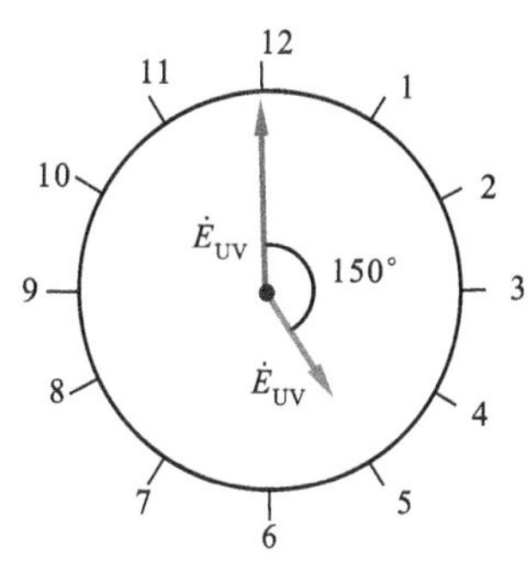

图 2-1-8　时钟法

① Y,y 接法接线图及相量分析如图 2-1-9 所示。

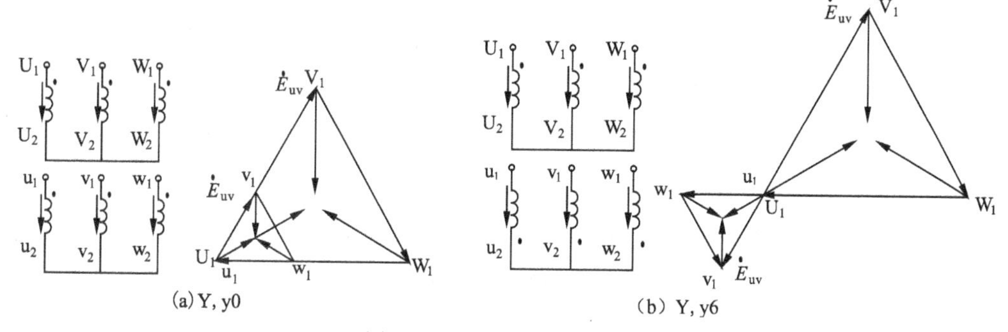

图 2-1-9　Y,y 接法及相量图

当各相绕组同铁心柱时，Y,y 接法 Y,y0、Y,y6 两种情况。如果高低绕组的三相标记不变，将低压绕组的三相标记依次轮换，如 $v_1 \rightarrow u_1$，$w_1 \rightarrow v_1$，$u_1 \rightarrow w_1$；$v_2 \rightarrow u_2$，$w_2 \rightarrow v_2$，$u_2 \rightarrow w_1$，则可得到其他联结组标号，例如 Y,y4；Y,y8；Y,y10；Y,y2 等偶数联结组。

② Y,d 接法接线图及相量分析如图 2-1-10 所示。

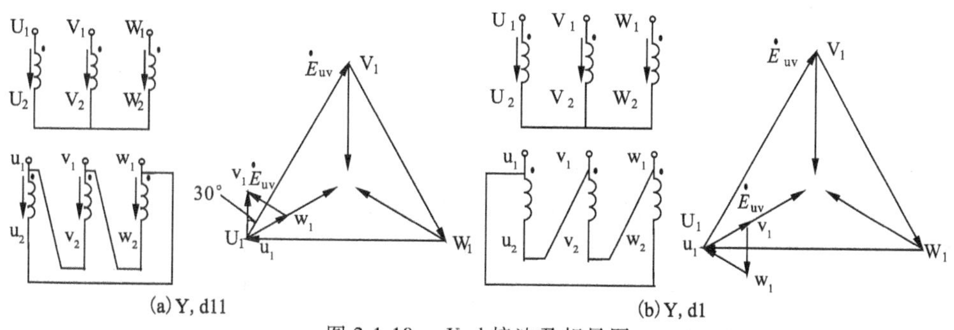

图 2-1-10　Y,d 接法及相量图

总得来说，Y,y 接法和 D,d 接法可以有 0、2、4、6、8、10 等 6 个偶数联结组别，Y,d 接法和 D,y 接法可以有 1、3、5、7、9、11 等 6 个奇数组别，因此三相变压器共有 12 个不同的联结组别。为了使用和制造上的方便，我国国家标准规定只生产下列 5 种标准联结组别的电力变压器，即 Y,y_n0 ；Y,d11；Y_N,d11；Y_N,y0；Y,y0，其中前 3 种最为常用。Y,y_n0 用于容量不大的三相配电变压器。其低压侧电压为 230 ~ 400V，用以供给动力和照明的混合负载。一般这种变压器的容量为 1 800kV · A，高压侧的额定电压不超过 35kV。

4. 变压器的并联运行

变压器的并联运行是指将两台或两台以上的变压器的一、二次绕组同一标号的出线端连在一起接到母线上的运行方式，如图 2-1-11 所示。

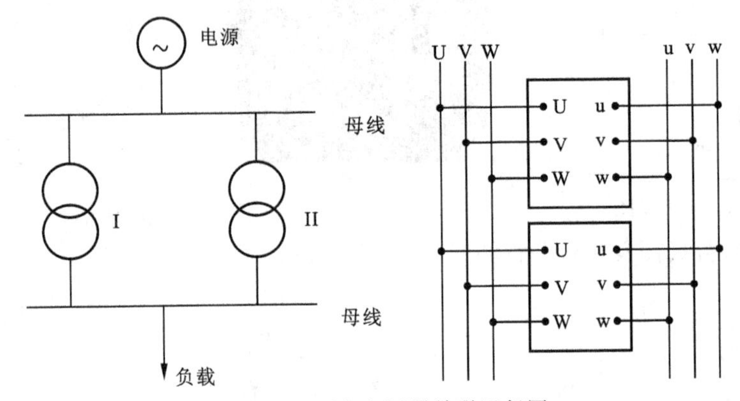

图 2-1-11 两台变压器并联运行图

1）变压器并联运行的意义

① 适应用电量的增加——随着负载的增加，必须相应地增加变压器容量及台数。

② 提高运行效率——当负载随着季节或昼夜有较大的变化时、根据需要调节投入变压器的台数。

③ 提高供电可靠性——允许其中部分变压器由于检修或故障退出并联。

2）理想的并联运行

① 内部不会产生环流——空载时，各变压器的相应的二次电压必须相等且同相位。

② 使全部装置容量获得最大程度地应用——在有负载时，各变压器所分担的负载电流应该与它们的容量成正比例，各变压器均可同时达到满载状态。

③ 每台变压器所分担的负载电流均为最小——各变压器的负载电流都应同相位，则总的负载电流是各负载电流的代数和。当总的负载电流为一定值时，每台变压器的铜损耗为最小，运行较为经济。

3）理想并联运行的条件

① 各台变压器的 U_{2N}、U_{1N}应分别相等，即电压比相同。

② 各台变压器的联结组标号应相同（必须严格保证）。

例如，D,y11 与 Y,d11 联结组标号相同，联结法不同，能并联运行。

若联结组标号不同：如分别为 2、5，不能并联运行，会产生环流。

③ 各台变压器的短路阻抗 Z_K^*，短路电压要相等。

4）条件不满足时的情况

① 如果各变压器的联结组标号不同，将会在变压器的二次绕组所构成的回路上产生一个很大的电压差，这样的电压差作用在变压器上必然产生很大的环流（几倍于额定电流），它将烧坏变压器的绕组，因此联结组标号不同的变压器绝对不能并联运行。

② 电压比不相等时，在并联运行的变压器之间也会产生环流。

③ 当并联运行的变压器阻抗标么值不相等时，各并联变压器承担的负载系数将不会相等。

技能与方法

【想一想】：

如何判断变压器的绕组极性及识别变压器联结组标号？

【练一练】：

三相变压器相间极性和联结组标号的接线。

※1. 时钟法确定三相变压器联结组标号的步骤

① 根据三相变压器绕组联结方式（Y 或 y、D 或 d）画出高、低压绕组接线图；

② 在接线图上标出相电动势和线电动势的假定正方向；

③ 画出高压绕组电动势相量图，根据单相变压器判断同一相的相电动势方法，将 U_1、u_1 重合，再画出低压绕组的电动势相量图（画相量图时应注意三相量按顺相序画）；

④ 根据高、低压绕组线电势相位差，确定联结组标号。

用相量图判定变压器的联结组标号时应注意：

a. 绕组的极性只表示绕组的绕法，与绕组的首、末端标志无关；

b. 高、低压绕组的相电动势均从首端指向末端，线电动势由 U_1 指向 V_1；

c. 同一铁心柱上的绕组，首端为同极性时相电动势相位相同，首端为异极性时相电动势相位相反。

为了避免制造和使用上的混乱，国家标准规定对单相双绕组电力变压器只有 I,I0 联结组标号一种。对三相双绕组电力变压器规定只有 Y,y_n0、Y,d11、Y_N,d11、Y_N,y0 和 Y,y0 五种。

2. 用实验法确定变压器联结组标号

1）测量一次绕组间的极性

（1）连接电路

按照图 2-1-12 接线。

（2）测量步骤

① 先用万用表测出三相变压器每一相绕组的两个端子，并标上标号。

② 按实验线路图 2-1-12 接线，将 V_2、W_2 两点用导线相连，在 U_1、U_2 之间施加 $(50\% \sim 70\%)U_N$ 的电压 U_1，用电压表测量 $U_{V_1V_2}$、$U_{W_1W_2}$、$U_{V_1W_1}$，若 $U_{V_1W_1}=U_{V_1V_2}-U_{W_1W_2}$，则标

※表示该部分内容为选学内容。

记正确。若 $U_{V_1W_1}=U_{V_1V_2}+U_{W_1W_2}$，则标记错误，应把 V、W 中其中一相的首末端标记互换（如把 V_1、V_2 换为 V_2、V_1）。

③ 用同样方法，决定 U、W 相的极性。

④ 把一次绕组的首末端做正式标记。

2）测量一、二次绕组极性

（1）连接电路

按照图 2-1-13 所示进行接线。

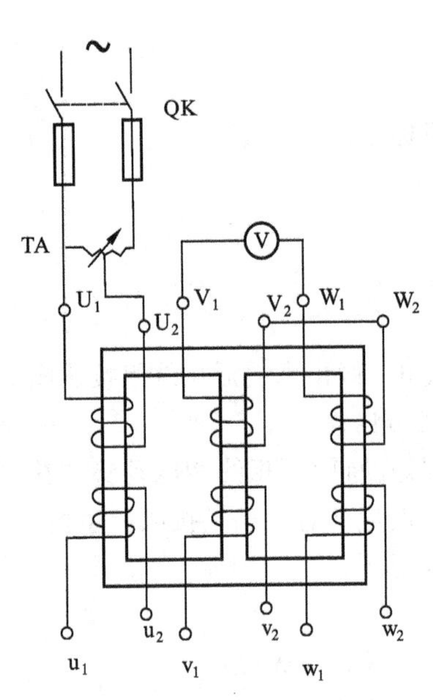

图 2-1-12　测量相间极性

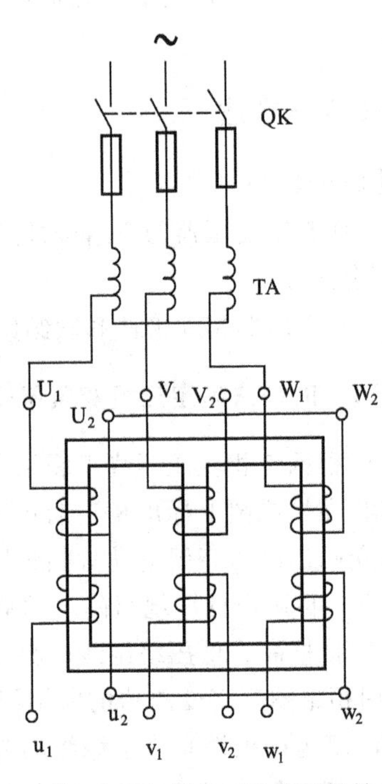

图 2-1-13　测量二次绕组极性

（2）测量步骤

① 先用万用表测出三相变压器每一相绕组的两个端子，并标上标号。

② 按实验线路图 2-1-13 接线，将一、二次绕组中点用导线相连，高压线圈施加三相对称低电压（50% ~ 70%）U_N，测量 $U_{U_1U_2}$、$U_{V_1V_2}$、$U_{W_1W_2}$、$U_{u_1u_2}$、$U_{V_1V_2}$、$U_{w_1w_2}$、$U_{U_1u_1}$、$U_{V_1v_1}$ $U_{V_1v_1}$。若 $U_{U_1u_1}=U_{U_1U_2}-U_{V_1V_2}$，则 $U_{U_1U_2}$与 $U_{V_1V_2}$同相位，即 U_1 与 u_1 为同极性；若 $U_{V_1v_1}=U_{U_1U_2}+U_{V_1V_2}$，则 $U_{U_1U_2}$与 $U_{V_1V_2}$反相位，即 U_1 与 u_1 为反极性。

③ 用同样方法，决定另两相一、二次绕组的同极性端。

④ 把低压绕组的首末端作正式标记。

注意：①在用实验法测量变压器绕组极性时要注意电源电压的合理使用，注意用电安全。②实验要在老师的监督下进行，要合理选择万用表的挡位与量程。③团队协作与小组讨论是完成任务的良好保障。④实训结束进行 6S 整理。

总结与评价

理论知识部分主要通过学生口头报告、作业形式进行小组评价或教师评价。实践操作技能部分，一方面要对学生在实践操作中各个环节运用的有关方法、掌握技能的水平进行定性评价，另一方面还要对学生的实践操作结果进行抽样测量、检查，给予最终定量评价，如表 2-1-1 所示。

表 2-1-1　项目评价记录表

评价项目	项目评价内容	分值	自我评价	小组评价	教师评价	得分
理论知识	了解三相变压器的应用场所及常用变压器的接线型式	5				
	熟悉三相变压器结构形式及其特点	5				
	熟悉并掌握变压器星形、三角形联结的特点及分析方法	5				
	学会用时钟法分析判断变压器联结组标号	10				
	掌握变压器并联运行条件	5				
实操技能	会正确判断变压器的连接组别	10				
	学会正确使用仪器仪表	5				
	正确连接电路	10				
	合理选用正确的测量方法	5				
安全文明生产	工具、量具的正确使用	5				
	遵守操作规程或实训室实习规程	5				
	工具、量具的正确摆放与用后完好性	5				
	实训室安全用电	10				
学习态度	6S 整理	5				
	出勤情况	5				
	车间纪律	5				
个人学习总结	成功之处					
	不足之处					
	改进措施					

思考与练习

1．填空题

（1）三相变压器的磁路系统，分为各相______和______两类。

（2）变压器的联结方式有______、______两种。

（3）在对称三相系统中，当绕组为三角形联结时，线电压______相电压，而线电流为相电流的______倍，三相变压器一、二次侧的线电压额定值之比称为三相变压器______。

（4）Y,d、Y_N,d、D,y 、D,y_n 表示三相变压器的四种接线方式，其中表示高电压接线方式的是______，表示低电压接线方式的是______。N 表示______，n 表示______。

（5）把三相变压器______及其______称为三相变压器的联结组标号。

（6）我国常用的三种标准联结组标号的电力变压器是______、______、______，其中______用于容量不大的三相配电变压器。其低电压侧电压为 230～400V，用以供给动力和照明的混合负载。一般这种变压器的容量为______高电压侧的额定电压不超过______。

2. 问答题

(1) 组式变压器与心式变压器的特点分别是什么?

(2) 什么是变压器的同极性端? 如何判定变压器的同极性端?

(3) 什么是变压器的联结组? 常用的联结组有哪几种?

(4) 画图叙述测量一、二次绕组极性的步骤?

(5) 什么是时钟法? 叙述时钟法判断联结组的四个步骤。

(6) 在对称三相系统中，当绕组分别为三角形联结、星形联结时，线电压与相电压以及线电流与相电流的关系如何?

(7) 变压器并联运行的条件是什么?

(8) 变压器并联运行的意义是什么?

任务2　三相变压器的检修

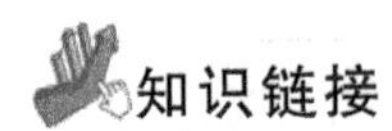

知识链接

1. 变压器的运行维护

图 2-2-1 所示为变压器的运行与维护现场。

图 2-2-1　变压器运行与维护

1) 变压器的投运与停运

① 对新投运的变压器以及长期停用或大修后的变压器，在投运之前，应重新按《电气设备预防性试验规程》进行必要的试验，绝缘试验应合格，并符合基本要求的规定，值班人员还应仔细检查并确定变压器状态完好，具备带电运行条件，有载开关或无载开关处于规定位置，且三相一致；各保护部件、过电压保护及继电保护系统处于正常可靠状态。

② 新投运的变压器必须在额定电压下做冲击合闸试验，冲击五次，大修或更换改造部分绕组的变压器则冲击三次。在有条件的情况下，冲击前变压器最好从零起升压，而后进行正式冲击。

③ 变压器投运、停运操作顺序，应在运行规程（或补充部分）中加以规定，并须遵守下列各项：

a. 强迫油循环风冷式变压器投入运行时，应先逐台投入冷却器并按负载情况控制投入的台数；变压器停运时，要先停变压器，冷却装置继续运行一段时间，待油温不再上升后再停。

b. 变压器的充电应当由装设有保护装置的电源侧的断路器进行，并考虑到其他侧是否会超过绝缘方面所不允许的过电压现象。

④ 在110kV及以上中性点直接接地系统中，投运和停运变压器时，在操作前必须将中性点接地，操作完毕可按系统需要决定中性点是否断开。

⑤ 装有储油柜的变压器带电前应排尽套管升高座、散热器及净油器等上部的残留空气，对强迫油循环变压器，应开启油泵，使油循环一定时间后将空气排尽。开启油泵时，变压器各侧绕组均应接地。

⑥ 运行中的备用变压器应随时可以投入运行，长期停运者应定期充电，同时投入冷却装置。

2）变压器分接开关的运行维护

目前，分接开关大多采用电阻式组合型，总体结构可分为三部分：即控制部分、传动部分和开关部分。有载分接开关对供电系统的电压合格率有着重要作用。有载分接开关应用越来越广泛，以适应对电压质量的考核要求。

（1）无载分接变压器

当变换分接头时，应先停电后操作。变换分头时一般要求进行正反转动三个循环，以消除触头上的氧化膜及油污，然后正式变换分接头。变换分接头后，应测量绕组挡位的直流电阻，并检查销紧位置，还应将分接头变换情况做好记录并报告调度部门。对于运行中不常进行分接变换的变压器，每年结合小修（预试）将分接头操作三个循环，并测量全挡位直流电阻，发现异常及时处理，合格时方可投运。

（2）有载分接开关和有载变压器

① 有载分接开关投运前，应检查其油枕位是否正常，有无渗漏油现象，控制箱防潮应良好。用手动操作一个（升-降）循环，挡位指示器与计数器应正确动作，极限位置的闭锁应可靠，手动与电动控制的联锁亦应可靠。

② 对于有载开关的瓦斯保护，其重瓦斯应投入跳闸，轻瓦斯则接信号。瓦斯继电器应装在运行中便于安全放气的位置。新投运有载开关的瓦斯继电器安装后，运行人员在必要时（有载筒体内有气体）应适时放气。

③ 有载分接开关的电动控制应正确无误，电源可靠。各接线端子接触良好，驱动电机转动正常、转向正确，其熔断器额定电流按电机额定电流2~2.5倍配置。

④ 有载分接开关的电动控制回路中，在主控制盘上的电动操作按钮与有载开关控制箱按钮应完好，电源指示灯、行程指示灯应完好，极限位置的电气闭锁应可靠。

⑤ 有载分接开关的电动控制回路应设置电流闭锁装置，其电流整定值为主变压器额定电流的1.2倍，电流继电器返回系数应大于或等于0.9。当采用自动调压时主控制盘上必须有动作计数器，自动电压控制器的电压互感器断线闭锁应正确可靠。

⑥ 新装或大修后有载分接开关，应在变压器空载运行时，在主控制室用电动操作按钮及手动至少试操作一个（升-降）循环，各项指示正确，极限位置的电气闭锁可靠，方可调至要求的分解挡位以带负荷运行，并加强监视。

⑦ 值班员根据调度下达的电压曲线及电压参数，自行调压操作。每次操作应认真检查分接头动作和电压电流变化情况（每调一个分接头计为一次），并做好记录。

⑧ 两台有载调压变压器并联运行时，允许在变压器85%额定负荷电流以下进行分接变换操作。但不能在单台变压器上连续进行两个分接变换操作。需在一台变压器的一个分接变换完成后再进行另一台变压器的一个分接变换操作。值班人员进行有载分接开关控制时，应按巡视检查要求进行，在操作前后均应注意并观察气体继电器有无气泡出现。有载分接开关吊芯检查时，应测试过渡电阻值，并与制造厂出厂数据一致。

⑨ 有载分接开关的油质监督与检查周期：

a. 运行中每六个月应取油样进行耐电压试验一次，其油耐电压值不低于30kV/2.5mm。当油耐电压在25～30kV/2.5mm之间应停止使用自动调压控制器，若油耐压低于25kV/2.5mm时应停止调压操作并及时安排换油。当运行1～2年或变换操作达5 000次时应换油。

b. 有载分接开关本体吊芯检查：a）新投运1年后，或分接开关变换5 000次；b）运行3～4年或累计调节次数达10 000～20 000次，进口设备按制造厂规定；c）结合变压器检修。

⑩ 当运行中有载分接开关的气体继电器发出信号或分接开关油箱换油时，禁止操作，并应拉开电源隔离开关。当运行中轻瓦斯频繁动作时，值班人员应做好记录并汇报调度，停止操作，分析原因及时处理。当电动操作出现“连动”（即操作一次，出现调正一个以上的分接头，俗称“滑挡”）现象时，应在指示盘上出现第二个分头位置后，立即切断驱动电机的电源，然后手动操作到符合要求的分头位置，并通知维修人员及时处理

2. 变压器常见故障处理分析

电力变压器在运行中一旦发生异常情况，将影响系统的正常运行以及对用户的正常供电，甚至造成大面积停电。变压器运行中的常见异常情况如表2-2-1所示。

表2-2-1 变压器常见故障及产生原因

故障	种类	现象	原因
声音异常	正常状态下变压器的声音	运行中会发出轻微的连续不断的“嗡嗡”声	① 励磁电流的磁场作用使硅钢片振动 ② 铁心的接缝和叠层之间的电磁力作用引起振动 ③ 绕组的导线之间或绕组之间的电磁力作用引起振动 ④ 变压器上的某些零部件引起振动
	变压器的声音比平时增大	变压器的声音比平时增大，且声音均匀	① 电网发生过电压。当电网发生单相接地或产生谐振过电压时，都会使变压器的声音增大。出现这种情况时，可结合电压、电流表针的指示进行综合判断 ② 变压器过负荷。变压器过负荷时会使其声音增大，尤其是在满负荷的情况下突然有大的动力设备投入，将会使变压器发出沉重的“嗡嗡”声
	变压器有杂音	声音比正常时增大且有明显的杂音，但电流电压无明显异常	可能是内部夹件或压紧铁心的螺钉松动，使得硅钢片振动增大所造成
	变压器有放电声	变压器内部或表面发生局部放电，声音中就会夹杂有“劈啪”放电声	说明瓷件污秽严重或设备线夹接触不良，若变压器的内部放电，则是不接地的部件静电放电，或是分接开关接触不良放电，这时应将变压器作进一步检测或停用
	变压器有水沸腾声	变压器的声音夹杂有水沸腾声且温度急剧变化，油位升高	判断为变压器绕组发生短路故障，或分接开关因接触不良引起严重过热，这时应立即停用变压器进行检查

续表

故障	种类	现象	原因
声音异常	变压器有爆裂声	声音中夹杂有不均匀的爆裂声	变压器内部或表面绝缘击穿，此时应立即将变压器停用检查
	变压器有撞击声和摩擦声	声音中夹杂有连续的有规律的撞击声和摩擦声	可能是变压器外部某些零件，如表针、电缆、油管等，因变压器振动造成撞击或摩擦、或外来高次谐波源所造成，应根据情况予以处理
油温异常		油温比平时高出10℃以上，或负载不变而温度不断上升（冷却装置运行正常）	① 内部故障引起温度异常。变压器内部故障如绕组之间或层间短路，绕组对周围放电，内部引线接头发热；铁心多点接地使涡流增大过热；零序不平衡电流等漏磁通形成回路而发热等因素引起变压器温度异常。发生这些情况，还将伴随着瓦斯或差动保护动作。故障严重时，还可能使防爆管或压力释放阀喷油，这时变压器应停用检查 ② 冷却器运行不正常引起温度异常。冷却器运行不正常或发生故障，如潜油泵停运、风扇损坏、散热器管道积垢冷却效果不良、散热器阀门没有打开、或散热器堵塞等因素引起温度升高。应对冷却系统进行维护或冲洗，提高冷却效果
油位异常	假油位	变压器温度变化正常，而变压器油标管内的油位变化不正常或不变	① 油标管堵塞 ② 油枕呼吸器堵塞 ③ 防爆管通气孔堵塞 ④ 变压器油枕内存有一定数量的空气
	油面过低	油面过低	① 变压器严重渗油 ② 修试人员因工作需要多次放油后未做补充 ③ 气温过低且油量不足，或油枕容积偏小，不能满足运行要求
颜色、气味异常	气味异常	引线、线卡处过热引起异常	套管接线端部紧固部分松动，或引线头线鼻子等，接触面发生严重氧化，使接触处过热，颜色变暗失去光泽，表面镀层也遭到破坏。连接接头部分一般温度不宜超过70℃，可用示温蜡片检查，一般黄色熔化为60℃，绿色70℃，红色80℃，也可用红外线测温仪测量。温度很高时会发出焦臭味
	气味异常	臭氧味	套管、绝缘子有污秽或损伤严重时发生放电、闪络并产生一种特殊的臭氧味
	气味异常	气味异常	附件电源线或二次线的老化损伤，造成短路产生的异常气味 冷却器中电机短路、分控制箱内接触器、热继电器过热等烧损产生焦臭味
	颜色异常	呼吸器硅胶蓝色变为粉红色	① 如长期天气阴雨空气湿度较大，吸湿变色过快 ② 呼吸器容量过小，如有载开关采用0.51kg的呼吸器，变色过快是常见现象，应更换较大容量的呼吸器 ③ 硅胶玻璃罩罐有裂纹破损 ④ 呼吸器下部油封罩内无油或油位太低起不到良好油封作用，使湿空气未经油封过滤而直接进入硅胶罐内 ⑤ 呼吸器安装不良，如胶垫龟裂不合格，螺钉松动安装不密封而受潮

技能与方法

【想一想】：

变压器检修需要哪些材料和工具？维修后的变压器一般要进行哪些试验？

所需材料和工具如表 2-2-2 所示。

表 2-2-2 所需材料和工具

名称	规格	数量	图片
变压器	S7-315/10	1 台	
活络扳手	200 × 24 mm	1 只	
兆欧表	2 500 ~ 1 000V	1 只	
单臂电桥	QJ23	1 只	
双臂电桥	QJ103	1 只	
秒表	60″	1 只	
倒链	2 000kg	1 只	

【练一练】：

1. 变压器的日常维护

变压器的日常维护主要根据表 2-2-1 所列故障现象进行检查。

为保证变压器可靠安全的运行，对运行中的变压器定期进行维护及检修，这样便于及时发现和排除故障，避免故障有扩大的趋势。为此，要建立相应的日常维护的制度，定期对变压器进行声音、温度、外观检查、电压电流检查、颜色检查、接地装置等的检查。

2. 变压器的拆装检修

① 注意检修时防止工具、螺钉、螺母等异物掉入变压器内，以免造成事故。

② 检修前应预先放掉一部分变压器油，盛油容器必须清洁干燥，盛满后要加盖防潮，油要进行化验。若油不够，须补充同型号化验合格的新油。

③ 吊芯时应尽量把吊钩装得高些，使得吊铁心的钢绳夹角不大于45°。

④ 如果只是吊起铁心检查，必须在箱盖与箱壳间垫牢固的支撑物，才能进行检修。

⑤ 变压器所有紧固螺钉按顺序对称拧紧，并使之牢固。否则运行时将发生声响或噪声。

⑥ 对绕组进行绝缘老化的鉴定：用手按压绝缘物，如有脱落现象或裂纹，绝缘物呈碳片下落，或绝缘物弯曲时就发生断裂，应更换绕组。

⑦ 对分接头开关进行检查：开关旋转灵活，是否完整或松动，注意动静触点的吻合位置与指示位置是否一致。检查触点是否有灼伤或过热变色，检查引线和开关连接处的螺母是否有松动。

⑧ 变压器被打开后相对湿度为75%以下空气中滞留时间不宜超过24h，如在检修时间变压器的器身的温度高出3～5℃，则器身在空气中的滞留时间可以适当延长。

⑨ 填写电力变压器小修记录表，如表2-2-3所示。

表2-2-3　电力变压器小修记录表

检查部位	检查项目	检查内容	记录		结论
高低压套接管	套管表面	有无积污、破损			
	出线接头	有无变色、接触不良、松动			
防爆管	防爆膜	是否完好、密封性能			
气体继电器	阀门	能否正确开闭			
	油杯	动作是否灵活			
油枕	油表	油位高度			
	集污盒	排污情况			
吸湿器	胶	是否变色			
接地装置	接地线	是否完好、可靠			
油箱表面	漏油	焊缝密封是否渗漏			
温度计	温度计	校验温度计			
高低电压绕组	绝缘电阻	U_1 相对地	绝缘电阻		
			吸收比		
		V_1 相对地	绝缘电阻		
			吸收比		
		W_1 相对地	绝缘电阻		
			吸收比		
		U_1、V_1 相间	绝缘电阻		
			吸收比		
		V_1、W_1 相间	绝缘电阻		
			吸收比		
		W_1、U_1 相间	绝缘电阻		
			吸收比		
		低电压绕组整体对地绝缘电阻	绝缘电阻		
			吸收比		
		测量时的温度			

3．变压器检修后的一般试验

① 绝缘电阻和吸收比的测量：用兆欧表测标准规定的吸收比，吸收比为60s时绝缘电阻$R_{60''}$与15s时的绝缘电阻$R_{15''}$的比值。测量时用2 500V的兆欧表，分别测线圈对地及每对线圈之间的绝缘电阻及吸收比$R_{60''}/R_{15''}$。测量过程中不测的部分要接地。

36kV线圈时的绝缘电阻应不低于200MΩ，0.4kV以下的线圈的绝缘电阻应不低于90MΩ，36kV以下的线圈的吸收比大于1.3，60kV及以上线圈的吸收比大于1.5。

② 对于1Ω以下的阻值用双臂电桥，1Ω以上的阻值用单臂电桥。要求：三相变压器各绕组的阻值偏差不超过平均值的2%，相电阻的平均值不应超过三相平均值的4%。

③ 测量各部分抽头的变压比：要求各相在相同的抽头上所测的电压比进行比较，与牌值相比，其值相差不应超过1%。

④ 测定三相变压器联结组标号，如没改变接法可免去此项。

⑤ 测定额定电压下的空载电流：空载电流一般在额定电流的5%左右。

⑥ 进行耐电压试验。

注意：①详细了解维修过程中相关操作规程的规定。②进行企业调研实习掌握变压器常见故障的处理分析方法，并认真总结。③操作安全是安全生产的重要组成部分，一定要重视。④变压器在维修之前要注意放电。⑤实训结束后进行的6S整理。

总结与评价

理论知识部分主要通过学生口头报告、作业形式进行小组评价或教师评价。实践操作技能部分，一方面要对学生在实践操作中各个环节运用的有关方法、掌握技能的水平进行定性评价，另一方面还要对学生的实践操作结果进行抽样测量、检查，给予最终定量评价，如表2-2-4所示。

表2-2-4 项目评价记录表

评价项目	项目评价内容	分值	自我评价	小组评价	教师评价	得分
理论知识	理论知识了解并熟悉变压器运行知识	5				
	熟悉变压器的操作规程	10				
	熟悉变压器常见故障的种类并了解产生的原因	5				
	掌握运行维护中的常识性知识	5				
	实操技能学会正确选用工量具	5				
	了解变压器日常维护项目	5				
实操技能	学会变压器的拆装检修	10				
	知道变压器检修后的检验方法	10				
	会正确填写记录表格	5				
安全文明生产	安全文明生产工量具的正确使用	5				
	遵守操作规程或实训室实习规程	5				
	工具量具的正确摆放与用后完好性	5				
	实训室安全用电	10				

续表

评价	项目评价内容		分值	自我评价	小组评价	教师评价	得分
学习态度	6S整理		5				
	出勤情况		5				
	车间纪律		5				
个人学习总结	成功之处						
	不足之处						
	改进措施						

思考与练习

1. 填空题

（1）新投运的变压器必须在额定电压下做冲击合闸试验，冲击______次，大修或更换改造部分绕组的变压器则冲击______次。在有条件的情况下，冲击前变压器最好从______起升压，而后进行正式冲击。

（2）强迫油循环风冷式变压器投入运行时，应先逐台投入______并按负载情况控制投入的台数；变压器停运时，要先停______，______继续运行一段时间，待油温不再上升后再停。

（3）在110kV及以上中性点直接接地系统中，投运和停运变压器时，在操作前必须将______接地，操作完毕可按系统需要决定______是否断开。

（4）有载分接开关本体吊心检查周期是______；______；______。

（5）两台有载调压变压器并联运行时，允许在变压器______额定负荷电流以下进行分接变换操作。但不能在单台变压器上连续进行两个分接变换操作。需在一台变压器的一个分接变换完成后再进行另一台变压器的一个分接变换操作。

（6）变压器的连接接头部分一般温度不宜超过______，可用示温蜡片检查，一般黄色熔化为______，绿色______，红色______，也可用红外线测温仪测量。

（7）变压器吊芯时应尽量把吊钩装得高些，使得吊铁心的钢绳夹角不大于______。

（8）测量变压器绕组的直流电阻：对于变压器的高压绕组应分别测量各分接位置的阻值，以发现接触不良的故障。对于1Ω以下的阻值用______电桥，1Ω以上的阻值用______电桥。

（9）测定变压器额定电压下的空载电流：空载电流一般在额定电流的______左右。

（10）36kV线圈时的绝缘电阻应不低于______，0.4kV以下的线圈时的绝缘电阻应不低于______，36kV以下的线圈的吸收比大于______，60kV及以上线圈的吸收比大于______。

（11）变压器被打开后相对湿度为75%以下空气中滞留时间不宜超过______小时，如在检修时间变压器的器身的温度高出3～5℃，则器身在空气中的滞留时间可以适当延长。

2. 问答题

（1）变压器运行中声音异常有几种情况？

（2）变压器油位异常有几种情况，产生的原因是什么？

(3) 变压器有哪些维护的项目？

(4) 对铁心有哪些检修项目？

(5) 变压器有哪些拆装检修的项目？

(6) 变压器检修后的实验一般有哪些？

(7) 变压器投运、停运应该遵守哪些规定？

项目 3　特殊变压器的认识

项目引言：

变压器的种类很多，除了电力变压器外，常用的还有电源变压器、线间变压器、中频变压器、音频变压器、高频变压器、电焊变压器、电压互感器、电流互感器、自耦变压器等许多特殊用途的变压器，如图 3-1-1 所示。它们在某些专用场合扮演着非常重要的角色。

图 3-1-1　常用互感器外形图

学习目标：

（1）了解交流互感器的作用、使用场合。

（2）掌握电流互感器工作原理及使用注意事项。

（3）掌握电压互感器工作原理及使用注意事项。

（4）熟悉并掌握自耦变压器基本电磁关系。

（5）了解电焊变压器的特点并熟悉其工作原理。

能力目标：

（1）会选用正确的电工仪器仪表进行检验。

（2）会根据故障现象，分析存在的问题。

（3）会根据存在的故障现象分析，找到切实可行的故障排除方法。

任务 1　认识特殊变压器

知识链接

1. 交流互感器

1）概述

交流互感器是在测量高电压、大电流时使用的一种特殊的变压器。

交流互感器是电力系统中供测量、保护及自动控制系统选取信号的重要设备，其分类方法较多：根据测量电信号的不同分为电压互感器和电流互感器两种；根据用途不同分为仪用（测量用）互感器和继电保护用互感器两类；按作用原理来分，可分为电磁感应式互感器与电容分压式互感器两类。

电压互感器将电力系统的高电压转换成标准的低电压（100V）；电流互感器则是将高电压系统或低电压系统的大电流，转换成标准的小电流（5A）。互感器的主要作用是：

① 与测量仪表配合，对线路的电流、电压和电能进行测量；与自动控制回路配合，对电压、电流等进行自动控制；与继电器配合，对电力系统和设备进行过电压、过电流、过负荷和单相接地等保护。

② 使测量仪表、控制回路、继电保护装置回路与高压线路分开，以保护操作人员和设备的安全。

③ 将电压、电流变成统一标准值，以利于仪表、继电器以及控制装置的标准化。

下面就电磁感应式互感器进行分析说明。

2）电压互感器

（1）认识电压互感器

常用的交流电压互感器是利用电磁感应原理工作的，其结构类似一台小变压器，而工作状态类似变压器的空载状态。仪用电压互感器一般都做成单相双绕组结构，常用电压互感器的外观如图 3-1-2 所示。

图 3-1-2　常用电压互感器

图 3-1-3 所示为电压互感器的外形图与电路原理图。

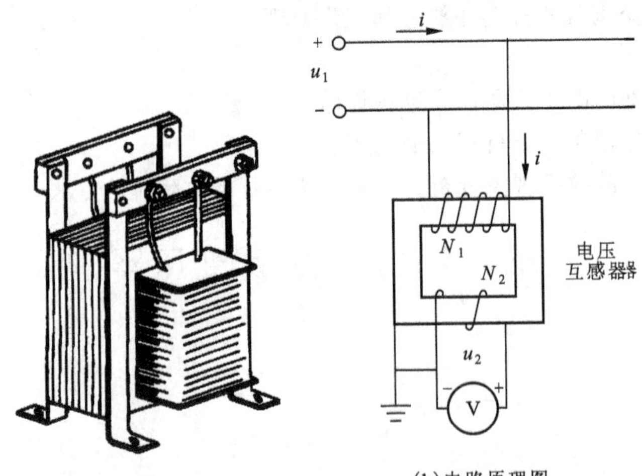

图 3-1-3　电压互感图

其一次绕组（匝数多）接在被测的高电压上，二次绕组（匝数少）并接电压表、电能表或功率表的电压线圈，进行电压或功率的测量。二次绕组电压也可供继电保护或控制使用。通常二次绕组的电压设计为100V。由于二次绕组所接电压表或功率表电压线圈的阻抗较大，可以认为二次近似于开路状态。因此，电压互感器运行时相当于一台空载运行的专用变压器。

电压互感器的一次组匝数为 N_1 与电网并联，二次绕组匝数为 N_2，由变压器工作原理分析得到电压互感器的电压比为

$$K=\frac{U_1}{U_2}=\frac{E_1}{E_2}=\frac{N_1}{N_2} \tag{3-1-1}$$

当 U_1 和 N_1 一定时，N_2 越小，U_2 也越小，因此可用一只低量程的电压表去测量高电压。如用100V 电压表去测量35kV 等。

电压互感器在电路中的符号如图3-1-4（b）所示，用“TV”来表示，一、二次绕组绝缘套管分别标记“·”的两个端子为同名端或同极性端。

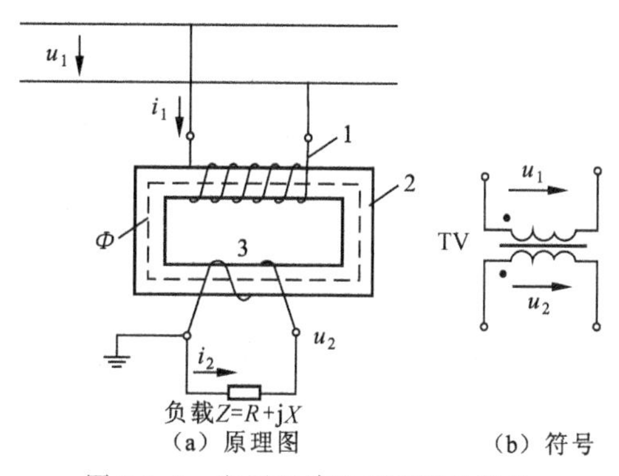

图3-1-4 电压互感器原理图及符号

例3-1 在某交流供电电网的测量回路中，电压测量回路安装有电压比为6 000/100的电压互感器和满量程为100V 的交流电压表；电流测量回路安装有电流比为1 000/5的电流互感器和满量程为5A的交流电流表。若电压表和电流表的读数分别为98V 和4.6A。试求该供电电网的实际电压为多少？

解： 由式3-1-1可知

$$K=\frac{U_1}{U_2}=\frac{E_1}{E_2}=\frac{N_1}{N_2}$$

$$K=\frac{U_1}{U_2}=\frac{6\ 000}{100}=60$$

$$U_1=KU_2=60\times 98\text{V}=5\ 880\text{V}$$

电压互感器在运行中会产生误差，影响电压互感器误差的主要原因除了互感器本身铁心、绕组等因素外，还有运行中一次电压、二次负载和负荷功率因数等参数对其也有影响。因此，为了减少电压互感器的误差，在结构上，应采用磁导率高的冷轧硅钢片，减少电压互感器的损耗。在选用导磁性能好的磁性材料作铁心时，要注意磁通密度不要选得太高。一般双绕组电压互感器的磁通密度为1.0～1.1（热轧硅钢片）和1.2～1.3（冷轧硅钢片）T（特）。当磁通密度选用再低一些，准确度会更高些，但是将会多用材料，成本会相应提高；在运行时，则应根据准确度的要求，把一次电压、二次负载和负荷功率因数等参数控

制在相应的范围内。

（2）电压互感器的接线方式

电压互感器在电力系统中要测量的电压有线电压、相电压、相对地电压和单相接地时出现的零序电压。为了测取这些电压，电压互感器就有了不同的接线方式。最常见的有以下几种，如图 3-1-5 所示。

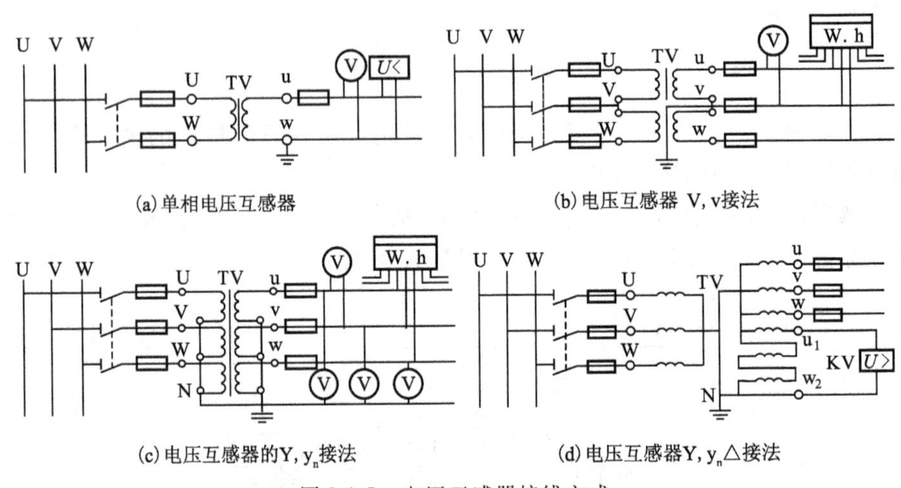

(a) 单相电压互感器　(b) 电压互感器 V, v接法

(c) 电压互感器的Y, y_n接法　(d) 电压互感器Y, y_n△接法

图 3-1-5　电压互感器接线方式

① 单相电压互感器接线：图 3-1-5（a）所示为一只单相电压互感器接线，可用于测量 35kV 及以下中性点不直接接地，系统的线电压或 110kV 以上中性点直接接地系统的相对地电压。

② 压互感器的 V,v 接法：如图 3-1-5（b）所示，V,v 接法就是将两台全绝缘单相电压互感器的高低电压绕组分别接于相与相间构成不完全三角形。这种接法广泛用于中性点不接地或经消弧线圈接地的 35kV 及以下的高电压三相供电系统中，特别是 10kV 的三相系统中。V,v 接法不仅能节省一台电压互感器，还能满足三相表计所需要的线电压。这种接线方法的缺点是不能测量相电压，不能接入监视系统绝缘状况的电压表。

③ 电压互感器的 Y,y_n 接法：如图 3-1-5（c）所示，Y,y_n 接法是用三台单相电压互感器构成一台三相电压互感器，也可以用一台三铁心柱式三相电压互感器，将其高低电压绕组分别接成星形。Y,y_n 接法多用于小电流接地的高压三相系统，可以测量线电压，这种接线方法的缺点是：当三相负载不平衡时，会引起较大的误差；当一次高电压侧有单相接地故障时，它的高压侧中性点不允许接地，否则，可能烧坏互感器，故而高电压侧中性点无引出线，也就不能测量对地电压。

④ 电压互感器的 Y,y_n△接法：如图 3-1-5（d）所示，Y,y_n△接法常用三台单相电压互感器构成三相电压互感器组，主要用于大电流接地系统中。Y,y_n△接法其主二次绕组既可测量线电压，又可测量相对地电压，辅助绕组二次绕组接成开口三角形供给单相接地保护使用。

当 Y,y_n△接法用于小接地电流系统时，通常都采用三相五柱式的电压互感器。其一次绕组和主二次绕组接成星形，并且中性点接地，辅助二次绕组接成开口三角形。故三相五柱式的电压互感器可以测量线电压和相对地电压，辅助二次绕组可以接入交流电网绝缘监视用的继电器和信号指示器，以实现单相接地的继电保护。

（3）使用注意事项

① 电压互感器在投入运行前要按照规程规定的项目进行试验检查。例如，测极性、联结组标号、摇绝缘、核相序等。

② 电压互感器的接线应保证其正确性，一次绕组和被测电路并联，二次绕组应和所接的测量仪表、继电保护装置或自动装置的电压线圈并联，同时要注意极性的正确性。

③ 接在电压互感器二次侧负荷的容量应合适，接在电压互感器二次侧的负荷不应超过其额定容量，否则，会使互感器的误差增大，难以达到测量的正确性。

④ 电压互感器二次侧不允许短路。由于电压互感器内阻抗很小，若二次回路短路时，会出现很大的电流，将损坏二次设备甚至危及人身安全。电压互感器可以在二次侧装设熔断器以保护其自身不因二次侧短路而损坏。在可能的情况下，一次侧也应装设熔断器以保护高电压电网不因互感器高电压绕组或引线故障危及一次系统的安全。

⑤ 为了确保人在接触测量仪表和继电器时的安全，电压互感器二次绕组必须有一点接地。因为接地后，当一次和二次绕组间的绝缘损坏时，可以防止仪表和继电器出现高电压危及人身安全。

3）电流互感器

（1）认识电流互感器

电流互感器在结构上与单相变压器类似，实际上是二次绕组在短路状态下工作的变压器。其主要作用是：变换电流、隔离保护及扩大电流表、继电器等应用范围。图3-1-6所示为常用电流互感器的结构外形观图。

图3-1-6　常用电流互感器外形图

电流互感器的外形与原理图，如图3-1-7所示。

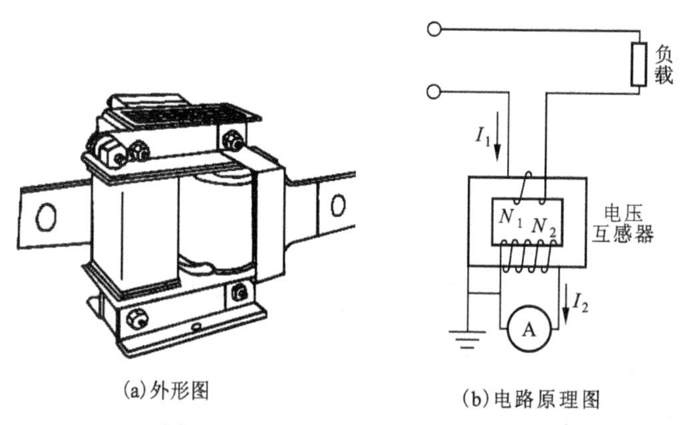

图3-1-7　电流互感器结构与原理图

它的一次绕组 N_1 一般只有一匝或几匝，导线较粗，串联到需要测量电流的电路里。电流互感器一次绕组中的电流，即被测电路的电流，记为 I_1。二次绕组 N_2 有较多的匝数，导线较细。与内阻极小的电流表、功率表的电流线圈或阻值不大的电阻等构成闭合回路。因负载阻抗较小，可看成二次绕组被短接。因此，电流互感器运行时相当于一台二次侧短路的变压器。

由变压器工作原理分析知道，电流互感器的电流比用 K 为：

$$K=\frac{N_2}{N_1}=\frac{I_1}{I_2} \tag{3-1-2}$$

由式（3-1-2）可知，二次组匝数 N_2 越多，一次绕组匝数 N_1 越少，则电流的变比 K 越大。在一定的一次电流 I_1 下，I_2 越小。这就是借助于电流互感器，用小量程电流表测量大电流的原理。

一般来讲，电流互感器二次的额定电流为5A，而一次电流可从5A到25 000A或者更大。

例 3-2 在某交流供电电网的测量回路中，电压测量回路安装有电压比为6 000/100的电压互感器和满量程为100V的交流电压表；电流测量回路安装有电流比为1 000/5的电流互感器和满量程为5A的交流电流表。若电压表和电流表的读数分别为98V和4.6A。试求该供电电网的实际电流为多少？

解： 由式3-1-2可知

$$I_1=\frac{N_2}{N_1}I_2=KI_2$$

$$K=\frac{1000}{5}=200$$

$$I_1=KI_2=200\times4.6\text{A}=920\text{A}$$

（2）电流互感器的接线方式

① 两相星形接线：如图3-1-8（a）所示，两相星形接线又称不完全星形接线，这种接线只用两组电流互感器，一般测量两相的电流，但通过公共导线，也可测第三相的电流。主要适用于小接地电流的三相三线制系统，在发电厂、变电所6～10kV馈线回路中，也常用来测量和监视三相系统的运行状况。

② 两相电流差接线：如图3-1-8（b）所示，两相电流差接线又称为两相交叉接线。二次侧公共线上电流为 i_u-i_w 其有效值为相电流的$\sqrt{3}$倍。这种接线很少用于测量回路，主要应用于中性点不直接接地系统的保护回路。

③ 三相星形接线：如图3-1-8（c）所示，三相星形接线又称完全星形接线，它是由三只完全相同的电流互感器构成。由于每相都有电流流过，当三相负载不平衡时，公共线中就有电流流过，此时，公共线是不能断开的，否则就会产生计量误差。该种接线方式适用于高电压大接地电流系统、发电机二次回路、低电压三相四线制电路。

在额定情况下，根据误差的大小，将电流互感器分成五级：0.2，0.5，1.0，3.0和10.0，例如，0.5级表示在额定电流时，误差最大不超过0.5%。在额定情况下，前三级的相角误差分别为10°，30°，60°；对后二级不规定相角误差。

（3）使用时注意事项

使用电流互感器时，必须注意以下几点：

① 为了使用安全，电流互感器的二次绕组必须牢固接地。防止由于绕组绝缘损坏，使

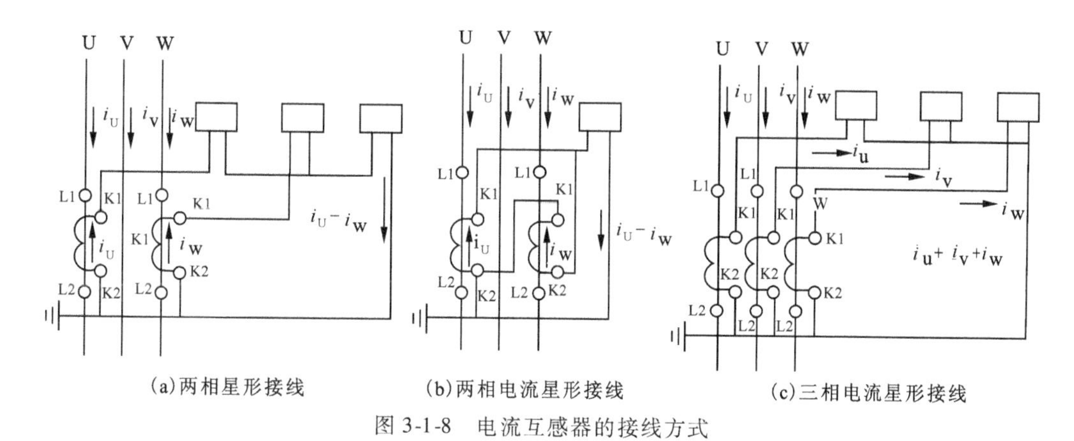

(a)两相星形接线　(b)两相电流星形接线　(c)三相电流星形接线

图 3-1-8　电流互感器的接线方式

一次高电压传到二次（侧），发生人身事故。

② 二次绕组回路中串入的阻抗值不能超过允许的限度，否则互感器的精度等级就要下降。电流互感器的负载阻抗应这样选择：当负荷功率因数为 0.8（滞后）时，根据国家标准规定，电流互感器二次额定负荷的标准值为下列数值之一：5、10、15、20、25、30、40、50、60、80、100V·A，当额定电流为 5A 时，相应的额定负载阻抗值为：0.2、0.4、0.6、0.8、1.0、1.2、1.6、2.0、2.4、3.2、4Ω。

③ 电流互感器的二次绕组绝对不允许开路。电流互感器二次绕组开路成了空载运行状态，相当于二次回路中串入无限大的电阻，二次电流为零。此时，铁心因损耗增大而过热，产生极高的尖峰电压，对工作人员和电阻绝缘都十分危险。因此在使用过程中，不论在任何情况下，都不允许电流互感器的二次开路。为此电流互感器的二次绕组回路中常常备以短接开关，以便在更换仪表时短接二次绕组，不使其开路。

2. 自耦变压器

自耦变压器实际是一台单相绕组变压器，二次绕组只是一次绕组的一部分，其结构、原理如图 3-1-9 所示。自耦变压器的一次和二次（侧）之间，不仅有磁路的耦合关系，而且还有直接的电路联系。与普通的双绕组变压器一样，自耦变压器分为降电压或升电压、单相或三相几种。当电压比在 1～2 之间时，和普通的双绕组变压器比较，它具有体积小、耗材少、效率高的优点。

一般实验室用的自耦变压器（见图 3-1-10）是把抽头制成能够沿线圈自由滑动的触点，可平滑调节二次电压，其铁心制成环形，靠手柄转动滑动触点来调节电压。其一次绕组接 220V 交流电压，二次绕组输出可在 0～250V 范围内调节。

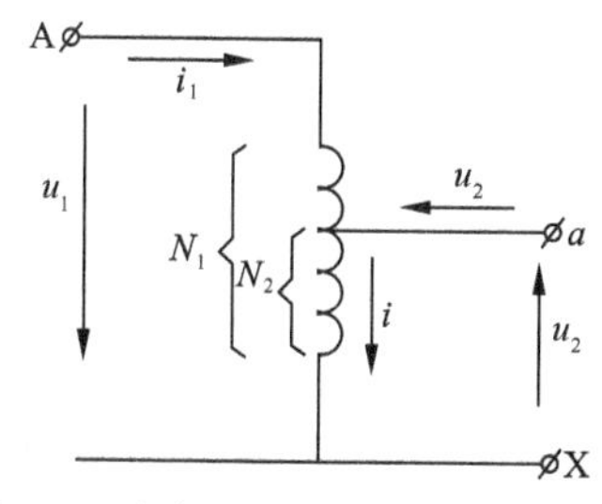

图 3-1-9 自耦变压器的结构、原理图

图 3-1-10　单相自耦变压器外形图

1）自耦变压器的基本电磁关系

（1）电压关系

与单相变压器同理，从图 3-1-9 可以看出，当一次绕组加上电压 U_1 时，二次绕组就产出电压 U_2。忽略漏阻抗压降的影响，可以求得自耦变压器的电压比 K。

$$K=\frac{U_1}{U_2}=\frac{N_1}{N_2} \tag{3-1-3}$$

因此

$$U_2=\frac{N_2}{N_1}U_1=KU_1 \tag{3-1-4}$$

可见，在外加电压 U_1 一定时，通过移动二次绕组的滑动触头，使二次绕组的匝数改变，便可改变电压比 K_α，达到调节副边电压的目的。

（2）电流关系

与普通双绕组电力变压器一样，自耦变压器磁势平衡方程式为

$$i_1N_1+i_2N_2=N_1i \tag{3-1-5}$$

由于励磁电流 i 很小，为分析问题方便起见，可以忽略不计。这样式（3-1-5）变为

$$i_1N_1+i_2N_2=0$$

即

$$i_1=\frac{N_2}{N_1}i_2=-\frac{1}{\frac{N_1}{N_2}}i_2=-\frac{1}{K}i_2 \tag{3-1-6}$$

不难发现，在绕组的公共部分中，二次电流由两部分组成：一部分是直接从一次（侧）流过来的电流 i_1；另一部分是通过电磁感应从绕组的公共部分感应过来的电流 i，i_1、i_2 在实际上是反相的。所以绕组公共部分中的电流是一、二次绕组的电流差，如图 3-1-9 所示。

当 $K>1$ 时，$i_1<i_2$，则 $i<i_2$，这表明绕组的公共部分的导线截面可以缩小（和双绕组变压器流过电流 i_2 的副绕组相比较）。但是当 $K>2$ 时，i 和 i_2 的差别随着 K 的增大而减小，绕组公共部分的导线截面的缩小量也就不大了。所以一般自耦变压器的电压比 $K=1.25\sim2$ 为最好。

（3）功率关系

由于二次电流 $I_2=I+I_1$，所以二次侧的输出功率为

$$U_2I_2=U_2I_1+U_2I \tag{3-1-7}$$

$$P_2=P_{2c}+P_{2d} \tag{3-1-8}$$

式中 P_{2c}——传导功率，即由一次侧通过电传导的方式传递到二次侧一部分的功率；

P_{2d}——电磁功率，即由绕组的公共部分通过电磁感应的方式传递到一次侧另一部分的功率。

由此可见，自耦变压器由于结构上的特点，即一、二次绕组既有电的直接联系又有电磁感应的关系。其功率传递的形式也和普通双绕组变压器不同，它的二次侧能够直接从电源一次侧吸取功率，这是一般双绕组变压器没有的。所以相同容量的自耦变压器比双绕组变压器消耗材料更少、更轻、更经济。其效率比一般变压器高。

自耦变压器的缺点是一次侧、二次侧电路中有电的联系，可能发生把高电压引入低电压绕组的危险事故，很不安全，因此要求自耦变压器在使用时必须正确接线，且外壳必须

接地，并规定安全照明变压器不允许采用自耦变压器结构形式。

2）自耦变压器的应用

自耦变压器主要在实验室中用做调节电压设备，在交流电动机起动时用做降电压设备。

随着我国电气化铁路事业的高速发展，自耦变压器（AT）供电方式得到了长足的发展。由于自耦变压器供电方式非常适用于大容量负荷的供电，对通信线路的干扰又较小，因而被客运专线以及重载货运铁路所广泛采用。

如将单相自耦变压器的输入和输出公共端焊在中心110V抽头处，如图3-1-11所示。动触点调到输入、输出公共端的上段或下段，虽然都能进行调节电压，但电压相位相反，彼此相差180°。用这种方法作为伺服电动机的控制电压调节，非常方便。变压器的动触点由中心点向上调节时，伺服电动机正转，由中心点向下调节时，伺服电动机反转。不用倒向开关或变换控制绕组接线，伺服电动机就可以正反转。

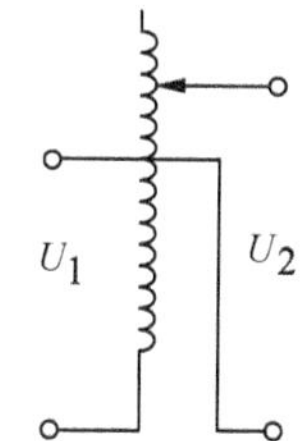

图3-1-11　自耦变压器的变相调压原理

3. 电焊变压器

1）电焊变压器的工作原理

交流电弧焊在生产实践中应用很广泛，其主要部件就是电焊变压器。电焊变压器实际上是一台特殊的变压器，为了满足电焊工艺的要求，电焊变压器应该具有以下特点：

① 具有60～75V的空载起弧电压。

② 具有陡降的外特性，如图3-1-12所示。电焊变压器是工作在弧光短路和直接短路两种情况下。在弧光短路时，为了维持电弧，需要有30V左右的电压。在直接短路时（起弧前），短路电流又不能太大（应与工作电流相差不大）。当起弧长度变化时，电流不应有较大的变化，以保证焊接质量。这些要求综合起来，就要求负载电流增加时，输出端电压迅速下降，即要有陡降的外特性。

③ 工作电流稳定且可调。

④ 短路电流被限制在两倍额定电流以内。

要具备以上特点，电焊变压器必须比普通变压器具有更大的电抗值，而且其电抗值可以调节。电焊变压器的一、二次绕组通常分绕在不同的两个铁心柱上，以便获得较大的电抗值。通常采用磁分路法和串联可变电抗法来调节电抗值。

磁分路法如图3-1-13所示。

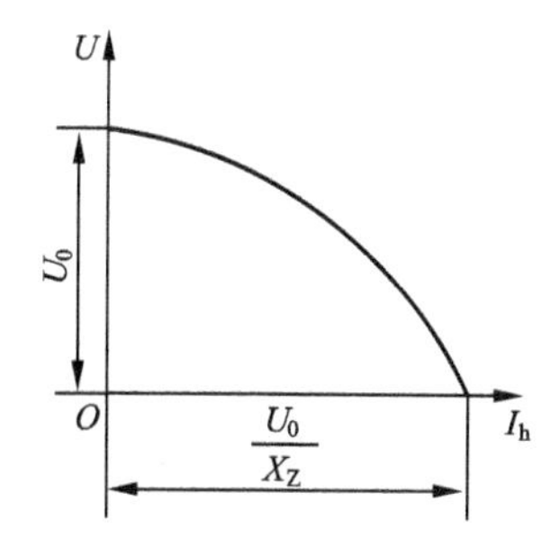

图3-1-12 电焊变压器的外特性

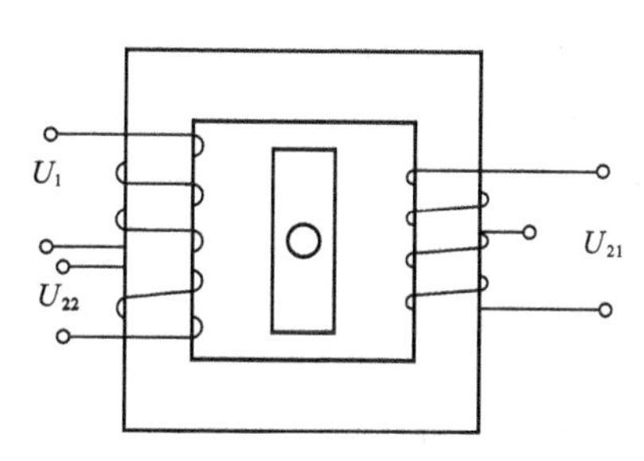

图3-1-13 磁分路法调节电抗值的电焊变压器结构原理图

电焊变压器的二次绕组有两部分，一部分与一次绕组套在同一个铁心柱上，另一部分套在另一个铁心柱上并且设有中间抽头。改变这两部分副绕组之间的连接方法，一方面可以调节二次绕组中感应电动势的大小，以得到不同的空载起弧电压；另一方面，可以调节电抗的数值，以实现焊接电流的粗调。这种电焊变压器还有一个可以移动的铁心柱，它可以使铁心中的磁通路径分岔，称为磁分路。平滑地移动这个铁心柱，可以连续地改变磁分路中气隙的大小，从而连续地改变电焊变压器的电抗值，以实现焊接电流的细调。

串联可调电抗法如图 3-1-14 所示。

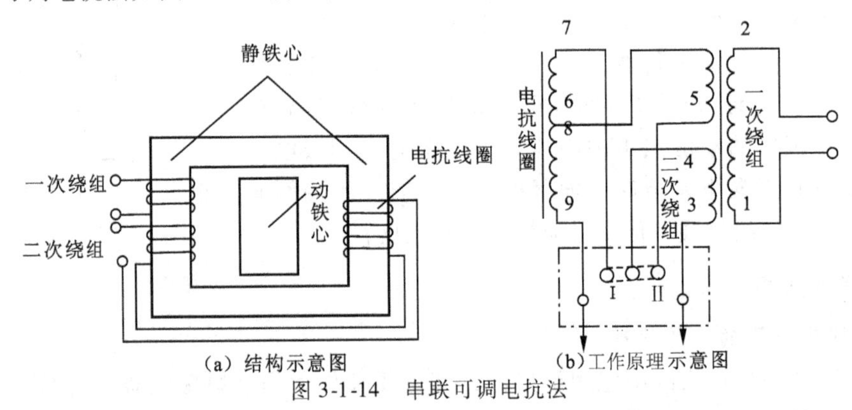

(a) 结构示意图 (b) 工作原理示意图

图 3-1-14 串联可调电抗法

串联调电抗法是在普通变压器的二次绕组回路中串入一个电抗值较大的可调电抗器，使其外特性具有陡降的特点，通过电抗器的气隙大小来调节电抗值，以实现焊接电流的调节。从图 3-1-14 可以看出，焊枪与工件之间的电压 U 应为

$$U = U_2 - U_x = E_2 - Z_2 i_2 - Z_x i_2 \tag{3-1-9}$$

式中 Z_x——电抗器的阻抗；

i_2——变压器的二次电流，即电焊电流。

当电抗器的阻抗足够大时，既可获得陡降的外特性，又可对电焊电流起稳定作用。调节电抗器活动铁心的位置，可以调节焊枪与工件之间的电压（电弧电压）和改变电焊电流的大小。选择适当电压比 K 可以得到所需要的空载电压。

即

$$U_{20} = E_2 \tag{3-1-10}$$

这样，图 3-1-15 的电路完全满足了电焊工艺的要求。

2）弧焊变压器的分类

根据获得下降外特性的方法不同可分为串联电抗器式、增强漏磁式。

① 串联电抗器式。由正常漏磁（漏磁很少，可忽略）的变压器，另外串联一个单独的电抗器构成，按结构不同又分为：

a. 分体式：变压器和电抗器是两个独立的个体。BP-3X500 型多站式弧焊变压器属于此类，

b. 同体式：变压器与电抗器铁心组成一体，二者之间不但有电的串联，还有磁的联系。BX2 系列弧焊变压器属于此类。

② 增强漏磁式。这类变压器增大自身的漏抗，不必再串联单独的电抗器。按增强和调节漏抗的方法不同又可分为

a. 动铁心式：在一、二次绕组间设置有可移动铁心的磁分路，以增强和调节漏磁。BXl 系列弧焊变压器即属此类。

b. 动绕组式：通过增大一、二次绕组之间距离来增强漏磁，改变绕组之间距离进行调节。BX3 系列弧焊变压器属于此类。

c. 抽头式：将一、二次绕组进行不同程度的分置来增加和调节漏磁。首先对绕组进行多点抽头，通过抽头置换改变初次级绕组的分置程度，也就是改变初次级绕组的耦合程度，来调节漏抗。BX6-120 型弧焊变压器属于此类。

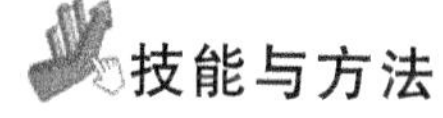

技能与方法

【想一想】：

你还知道有哪几种类型的电焊变压器？请搜索相关资料。

【练一练】：

电焊变压器的种类很多，在实际应用中，会出现各种故障，下面我们就常见的四种型号电焊变压器的故障现象进行分析，并探索相应的排除故障的方法。

1. BX3 型弧焊变压器

BX3 型弧焊变压器外形图如图 3-1-15 所示。

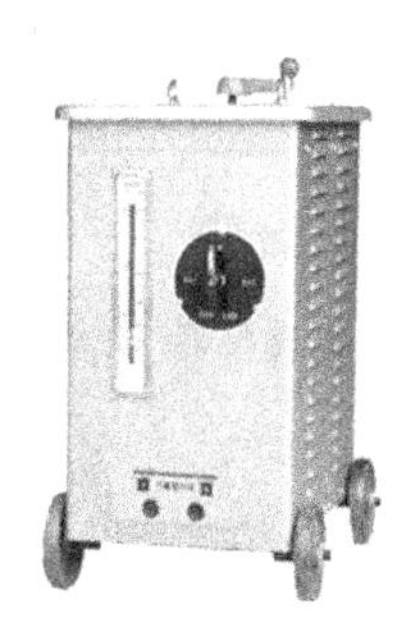

图 3-1-15 BX3 型弧焊变压器外观图

弧焊变压器的常见故障及排除，具体如表 3-1-1 所示。

3-1-1 弧焊变压器常见故障及排除方法

故障现象	产生原因	排除方法
弧焊变压器无空载电压，不能引弧	1. 焊接电缆与弧焊变压器输出端接触不良 2. 弧焊变压器一、二次线圈断路 3. 电源熔体烧断 4. 焊钳和电缆接触不良 5. 地线和工件接触不良 6. 焊接电缆断线 7. 电源开关损坏	1. 修复连接螺栓 2. 修复断路处或重新绕制 3. 更换熔体 4. 使焊钳和电缆接触良好 5. 使地线和工件接触良好 6. 修复断线处 7. 修复或更换开关
输出电流过小	1. 焊接电缆与弧焊变压器输出端接触电阻过大 2. 焊接电缆过细过长，压降太大 3. 焊接电缆盘成盘状，电感大 4. 地线采用临时搭接而成 5. 地线与工件接触电阻过大	1. 减小电缆长度或加大线径 2. 将电缆放开，不使成盘状 3. 换成正规铜质地线 4. 采用地线夹头以减小接触电阻 5. 使电缆和弧焊变压器输出端接触良好

续表

故障现象	产生原因	排除方法
焊接电流不稳定，忽大忽小	1. 电网电压波动 2. 调节丝杆磨损	1. 增大电网容量 2. 更换磨损部件
空载电压过低	1. 输入电压接错 2. 弧焊变压器二次绕组匝间短路	1. 纠正输入电压 2. 修复短路处
空载电压过高，焊接电流过大	1. 输入电压接错 2. 弧焊变压器绕组接线接错	1. 纠正输入电压 2. 纠正接线
弧焊变压器工作状态失常（如电流大，小档互换；空载电压过高或过低；无空载电压或空载短路等）	弧焊变压器维修时，将内部接线接错	纠正接线
弧焊变压器过热，有焦糊味，内部冒烟	1. 弧焊变压器过载 2. 弧焊变压器一次或二次绕组短路 3. 一、二次绕组与铁心 或外壳接触	1. 减小焊接电流 2. 修复短路处 3. 修复接触
处弧焊变压器噪声过大	1. 铁心叠片紧固螺栓未旋紧 2. 动、静铁心间隙过大	1. 旋紧紧固螺栓 2. 铁心重新叠片

2. 硅弧焊整流器

硅弧焊整流器外形如图 3-1-16 所示。

图 3-1-16 硅弧焊整流器

硅弧焊整流器故障分析如表 3-1-2 所示。

表 3-1-2 硅弧焊整流器常见故障及排除方法

故障现象	产生原因	排除方法
排除方法焊机外壳带电	1. 电源线误碰机壳 2. 变压器、电抗器、风扇及控制线路元件等碰机壳 3. 未接安全地线或接触不良	1. 检查并消除碰机壳处 2. 消除碰机壳处 3. 接妥接地线

续表

故障现象	产生原因	排除方法
机壳发热	1. 主变压器一次绕组或二次绕组匝间短路 2. 相邻的磁饱和电抗器交流绕组间相互短接，可能是卡进了金属杂物 3. 一个或几个整流二极管被击穿 4. 某一组（三只）整流二极管散热器相互导通，散热器之间不能相连接，如中间加的绝缘材料不好，或是散热器上留有螺母等金属物，造成短路	1. 排除短路情况，二次绕组绕在线圈外层，导线上不带绝缘层，出现短路的可能性更大 2. 消除磁饱和电抗器交流绕组间隙中卡进的螺栓、螺钉等金属物 3. 更换损坏的整流二极管 4. 更换二极管散热器间的绝缘材料，清除散热器上留有的螺栓、螺母等金属物
运行时电源熔体烧断	1. 硅整流元件被击穿造成短路 2. 电源变压器一次线圈与铁心短路 3. 焊机动力线线板极因灰尘集，受潮后将板面击穿而短路	1. 更换损坏的硅整流元件 2. 修复变压器，消除短路 3. 更换接线板或将接线板表面碳化层刮干净
焊接电源调节失灵	1. 控制绕组短路 2. 控制回路接触不良 3. 控制整流回路元件击穿	1. 消除短路处 2. 使接触良好 3. 更换元件
空载电压过低	1. 电网电压过低 2. 变压器绕组短路 3. 磁力起动器接触不良 4. 焊接回路有短路现象	1. 调整电压至额定值 2. 消除短路现象 3. 使磁力起动器接触良好 4. 检查焊机地线和焊枪线，消除短路处
焊接电流不稳定	1. 主回路交流接触器抖动 2. 风压开关抖动 3. 控制回路接触不良，工作失常	1. 消除交流接触器抖动 2. 消除风压开关抖动 3. 检修控制回路
按下启动开关，焊机不启动	1. 电源接线不牢或接线脱落 2. 主接触器损坏 3. 主接触器触点接触不良	1. 检查电源输入处的接线是否牢固 2. 更换主接触器 3. 修复接触处，使之良好接触或更换主接触器
风扇电动机不转	1. 熔断器熔断 2. 电动机引线或绕组断线 3. 开关接触不良	1. 更换熔断器 2. 接妥或修复 3. 使接触良好或更换开关
电表无指示	1. 电表或相应接线短路或断线 2. 主回路故障 3. 饱和电抗器和交流绕组断线	1. 修复电表及线路 2. 排除故障 3. 排除故障
弧焊整流器引弧困难	1. 空载电压不正常，故障在主电路中，整流二极管断路 2. 交流接触器的三个主触点有一个接触不良	1. 更换已损坏的整流二极管 2. 修复交流接触器，使接触良好或更换新的交流接触器
弧焊整流器电流冲击不稳定	1. 推力电流调整不合适 2. 整流元件出现短路，交流成分过大	1. 重新调整推力电流值 2. 更换被击穿的硅整流元件
工作中焊接电压突然降低	1. 主回路全部或部分短路 2. 整流元件击穿短路 3. 控制回路断路或电位器未整定好	1. 修复线路 2. 更换元件，检查保护线路 3. 检修调整控制回路

3. ZX7-400 弧焊逆变器

ZX7-400 弧焊逆变器如图 3-1-17 所示。

图 3-1-17 弧焊逆变器

ZX7-400 弧焊逆变器故障分析如表 3-1-3 所示。

表 3-1-3 ZX7－400 弧焊逆变器故障原因及排除方法

故障现象	产生原因	排除方法
排除方法接通焊机电源低压断路器就立即断电	1. 快速晶闸管损坏 2. 快恢复整流二极管损坏 3. 三相整流桥损坏 4. 压敏电阻损坏 5. 控制电路板故障 6. 电解电容器失效	1. 更换快速晶闸管（KK200A/1200V） 2. 更换快恢复整流管（ZK300A/800V） 3. 更换整流桥 4. 更换压敏电容 5. 更换控制电路 6. 更换电解电容器（CD13A－F350V470μF）
开机后能工作，但焊接电流小且电压表指示不在 68~73V	1. 换相电容中某个失效 2. 焊接电缆截面太小 3. 三相整流桥损坏 4. 三相 380V 电源缺相 5. 控制电路板损坏	1. 更换电容器（C88－500V－80μF） 2. 更换焊接电缆（$70mm^2$） 3. 更换三相整流桥 4. 检查用户配电板或配电柜 5. 更换控制电路板
开机后指示灯不亮，但电压表有 68~73V 指示，且风机运转正常，焊机能工作	指示灯接触不良或损坏	更换指示灯（6.3V，0.15A）
无论怎样调节焊接工艺参数，焊接过程中都出现连续断弧	电抗器 L4 匝间绝缘不良，有匝间短路	此故障短路点不易查找，用户无法自行排除时，应及时通知生产厂家处理
开机后指示灯不亮，风机也不转，但后面板上的空气开关仍处于闭合位置	1. 缺相 2. 空气开关损坏	1. 检查电路 2. 更换空气开关

4. ZX5-400 晶体管式弧焊整流器

ZX5-400 晶体管式弧焊整流器如图 3-1-18 所示。

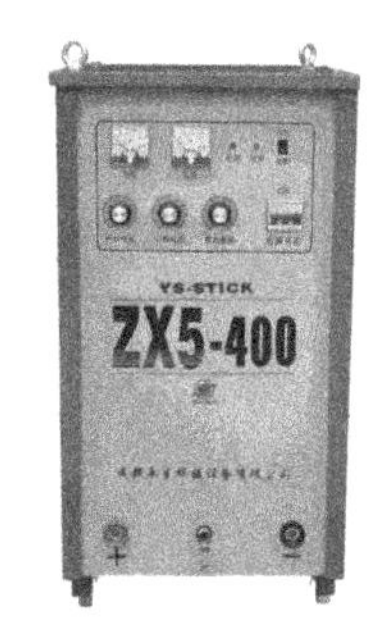

图 3-1-18 ZX5-400 弧焊整流器

ZX5-400 晶体管式弧焊整流器故障分析如表 3-1-4 所示。

3-1-4　晶闸管弧焊整流器常见故障及排除方法

故障现象	产生原因	排除方法
开启焊机开关，电焊机不转	1. 开关接触不良或损坏 2. 控制保险管烧坏 3. 电风扇电容损坏 4. 电风扇损坏 5. 与电风扇的接线未接牢或脱落	1. 检修开关或更换 2. 更换保险管 3. 更换电容 4. 检修或更换风扇 5. 接牢接线处
焊机内出现焦糊味	1. 主回路部分或全部短路 2. 风扇不转或风力过小 3. 主回路中有晶闸管被击穿短路	1. 修复线路 2. 修复风扇 3. 更换晶闸管
接得电源，指示灯不亮	1. 电源无电压或缺相指示灯损坏 2. 熔断器烧断 3. 连接线脱落	1. 检查并接得电源更换指示灯 2. 更换保险管 3. 查找脱落处并接牢
焊接、引弧推力不可调	1. 调节电位器的活动触头松动或损坏 2. 控制电路板零部件损坏 3. 连接线脱落、虚焊	1. 检查电位器或更换电位器 2. 更换已坏零件 3. 接牢脱落处或焊牢
引弧困难，电压表显示空载电压为 50 多伏	1. 整流二极管损坏整流变压器绕组有两相烧断 2. 输出电路有断线 3. 整流电路的降压电阻损坏	1. 更换二极管检修变压器绕组 2. 接好断线 3. 更换降压电阻
噪声变大、振动变大	1. 风扇风叶碰风圈 2. 风扇轴承松动或损坏 3. 主回路中晶闸管不导通 4. 固定箱壳或内部的某固定件松动 5. 三相输入电源中某一相开路	1. 整理风扇支架使其不碰 2. 修理或更换 3. 修理或更换 4. 拧紧紧固件 5. 调整触发脉冲，使其平衡
焊机外壳带电	1. 电源线误碰机壳 2. 变压器、电抗器、电源开关及其他电器元件或接线碰箱壳 3. 未接接地线或接触不良	1. 检查并消除碰壳处 2. 消除碰壳处 3. 接牢接地线

续表

故障现象	产生原因	排除方法
开启焊机开关、瞬时烧坏保险管	1. 控制变压器绕组匝间或绕组与框架短路 2. 电风扇搭壳短路 3. 控制电路板零部件损坏引起短路 4. 控制接线脱落引起短路	1. 排除短路 2. 检修电风扇 3. 更换损坏零件 4. 将脱线处接牢
焊接电流调节失灵	1. 三相输入电源其中一相开路 2. 近、远程选择与电位器不相对应 3. 主回路晶闸管不触发或击穿 4. 焊接电流调节电位器无输出电压 5. 控制线路有故障	1. 检查并修复 2. 使其对应 3. 检查并修复 4. 检查控制线路给定电压部分及引出线 5. 检查并修复
无输出电流	1. 熔体熔断 2. 风扇不转或长期超载使整流器内温度过高，从而使温度继电器动作 3. 温度继电器损坏	1. 更换熔体 2. 修复风扇 3. 更换继电器
不能引弧，即无焊接电流	1. 焊机的输出端与工件连接不可靠 2. 变压器次级绕组间短路 3. 主回路晶闸管（6只）其中几个不触发 4. 无输出电压	1. 使输出端与工件连接 2. 消除短路处 3. 检查控制线路触发部分及其引线 4. 检查并修复
焊接时焊接电弧不稳定，性能明显变差	1. 线路中某处接触不良 2. 滤波电抗器匝间短路 3. 分流器到控制箱的两根引线断开 4. 主回路晶闸管其中一个或几个不导通 5. 三相输入电源其中一相开路	1. 使接触良好 2. 消除短路处 3. 应重新接上 4. 检查控制线路及主回路晶闸管并修复 5. 检查并修复

注意：电焊变压器种类型号不同，在使用过程中出现的问题也会不一样，要根据其不同的应用进行故障现象的分析，并学会总结，努力探索故障排除方法。

①常用仪表的选择及使用，是测试的关键。②测试过程及电气安全非常重要。③特殊变压器使用场合不同，要求的注意事项也不一样。④实训结束进行6S整理。

总结与评价

理论知识部分主要通过学生口头报告、作业形式进行小组评价或教师评价。实操技能部分，一方面要对学生在实操中各个环节运用的有关方法、掌握技能的水平进行定性评价，另一方面还要对学生的实践操作结果进行抽样测量、检查，给予最终定量评价，如表3-1-5所示。

表 3-1-5 项目评价记录表

评价项目	项目评价内容	分值	自我评价	小组评价	教师评价	得分
理论知识	了解交流互感器的作用、使用场合	5				
	掌握电流互感器工作原理及使用注意事项	5				
	掌握电压互感器工作原理及使用注意事项	5				
	熟悉并掌握自耦变压器基本电磁关系	5				
	了解电焊变压器的特点并熟悉其工作原理	5				
实操技能	工具的正确使用	5				
	根据现象排除故障	10				
	正确进行电气线路的接线	5				
	电气线路的分析	5				
	电焊机的识别与铭牌熟悉	5				
安全文明生产	工具、量具的正确使用	5				
	遵守操作规程或实训室实习规程	5				
	工具、量具的正确摆放与用后完好性	5				
	实训室安全用电	10				
	6S 整理	5				
学习态度	出勤情况	5				
	车间纪律	5				
	小组合作情况（团队协作）	5				
个人学习总结	成功之处					
	不足之处					
	改进措施					

思考与练习

1. 选择题

（1）常用的同体式弧焊变压器的型号是（　　）。

A BX-500　　B BX1-400　　C BX3-500　　D BX6-200

（2）常用的动圈式交流弧焊变压器的型号是（　　）。

A BX-500　　B BX1-400　　C BX3-500　　D BX6-200

（3）常用的动铁心式交流弧焊变压器的型号是（　　）。

A BX-500　　B BX1-400　　C BX3-500　　D BX6-200

（4）常用的抽头式交流弧焊变压器的型号是（　　）。

A BX-500　　B BX1-400　　C BX3-500　　D BX6-200

（5）交流弧焊变压器焊接电流的细调节是通过变压器侧面的旋转手柄来改变活动铁心

的位置实现，当手柄逆时针旋转时活动铁心向外移动，则（　　）。

A 漏磁减少，焊接电流增大　　B 漏磁减少，焊接电流减小

C 漏磁增加，焊接电流增大　　D 漏磁增加，焊接电流减小

2. 填空题

（1）电压互感器将电力系统的高电压转换成标准的低电压______；电流互感器则是将高压系统或低压系统的大电流，转换成标准的小电流______。

（2）电压互感器二次侧不允许______。

（3）当一次和二次绕组间的绝缘损坏时，为防止仪表和继电器出现高电压危及人身安全。电压互感器二次绕组______。

（4）电流互感器运行时相当于一台二次绕组______的变压器。

（5）电流互感器有______、______、______三种接线方式。

（6）自耦变压器的一次和二次绕组之间，不仅有______的耦合关系，而且还有直接的______联系。

（7）增强漏磁式弧焊变压器包括______、______和抽头式三大类。

（8）弧焊变压器出现空载电压过低现象的原因可能是输入电压接错或弧焊变压器的二次绕组______。

（9）目前额定电流大于______的弧焊变压器多采用同体式，主要用做自动和半自动埋弧焊焊接方法的电源。

（10）对于动圈式弧焊变压器调节______可实现焊接电流细调节，改变 N_2 可用作焊接电流的分挡粗调解。

（11）正常漏磁式弧焊变压器是由一台正常漏磁的变压器串联一个______组成的。

（12）弧焊变压器主要作为焊条电弧焊的电源，该焊接方法的焊接工艺参数调节，主要是指 ______的调节。

3. 问答题

（1）电压互感器、电流互感器工作时相当于变压器什么运行状态？使用时要注意哪些事项？

（2）用电压比为 10 000/100 的电压互感器和电流比为 100/5 的电流互感器扩大量程，电压表的读数为 98V，电流表的读数为 3.5A，试求被测电路的电压、电流各是多少？

（3）为什么电流互感器在运行时严禁它的二次侧开路？

（4）为什么电压互感器在运行时严禁它的二次侧短路？

（5）互感器的作用是什么？

（6）画图叙述电压互感器的工作原理。

（7）电压互感器的几种测量电压线路的优缺点是什么？

（8）电压互感器使用注意事项有哪些？

（9）电流互感器三种接线方式的使用范围分别是什么？

（10）交流电弧焊对变压器的电性能有什么要求？

（11）电焊变压器在结构上有何特点？它是如何满足电弧焊接要求的？

（12）ZX5-400 晶体管式弧焊整流器开启焊机开关，电焊机不转可能的原因有哪些？如何排除？

（13）ZX5-400晶体管式弧焊整流器开启焊机开关、瞬时烧坏保险管可能的原因有哪些？如何排除？

（14）ZX7-400弧焊逆变器接通焊机电源低压断路器就立即断电的可能原因是什么？如何排除？

（15）弧焊变压器无空载电压，不能引弧可能的原因是什么？如何排除？

（16）焊机外壳带电的原因有哪些？

4. 计算题

（1）电压互感器的额定电压为6 000/100V，现由电压表测得二次电压为85V，则一次被测电压是多少？电流互感器的额定电流为100/5A，现由电流表测得二次电流为3.8A，则一次被测电流是多少？

（2）在一台容量为15kV·A的自耦变压器中，已知$U_1=220V$，$N_1=500$。求：

① 如果要使输出电压$U_2=209V$，应该在绕组的什么地方有抽头？满载时的I_{1N}和I_{2N}各是多少？此时一、二次侧公共部分的电流是多少？

② 如果输出电压$U_2=110V$，那么公共部分的电流I又是多少？

（3）一台理想变压器一、二次绕组匝数比为10∶1，一次绕组接$u=100\sin(100\pi t)$ V的交变电压，二次绕组两端用导线接规格为“6V，12W”的小灯，已知导线总电阻$r=0.5\Omega$，试求：二次绕组应接几盏小灯？这些小灯又如何连接才能使这些小灯都正常发光？

项目4　异步电动机的装配与维修

项目引言：

三相异步电动机具有结构简单、易于控制、效率高和功率大等许多优点，在工业、农业等领域被广泛应用，电机的装配与维修在现实生活中是经常遇到的事情，图4-1-1所示是工人在进行电动机绕组制作的场景。

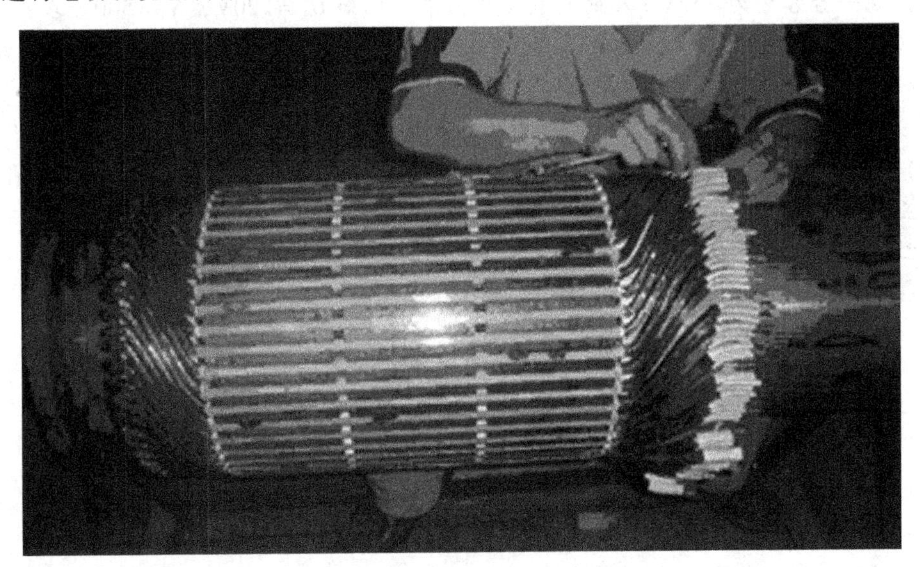

图4-1-1　电动机绕组制作

学习目标：

（1）了解并熟悉异步电动机的用途、结构。

（2）掌握电动机星形三角形联结方法。

（3）了解并掌握异步电动机三态变化的特征及运行关系。

（4）熟悉并掌握异步电动机工作原理。

（5）熟悉并掌握异步电动机铭牌及参数的含义

能力目标：

（1）学会拆卸和装配异步电动机，掌握要领。

（2）能够根据电动机的故障熟练选取拆装工具。

（3）学会异步电动机日常维护方法及掌握日常维护内容。

（4）会进行电动机的故障检查并学会处理。

任务1 三相异步电动机的拆装

知识链接

1. 异步电动机的用途、分类和特点

1）用途

异步电动机是应用最广泛的一种电动机。在动力负载中，异步电动机的使用约占85%：

① 在工业农业方面，拖动各类机械用的是三相异步电动机。

② 在家用电器方面的电扇、电冰箱、空调机等使用的是单相异步电动机。

③ 作为异步发电机使用，多是单机使用，常用于电网尚未到达的地区，或用于风力发电等特殊场合。

2）异步电动机分类

① 按相数分为单相、三相电动机。其中三相电动机又分为笼型异步电动机，绕线转子异步电动机两类；而单相电动机一般都是笼型的。

② 按转子结构分为笼型异步电动机和绕线转子电动机两类。

3）特点

异步电动机的优点是结构简单，制造、使用和维护方便，运行可靠，效率较高，价格低廉，坚固耐用。在工农业生产、交通运输、国防工业以及其他各行各业中得到了广泛应用。缺点是转速不易调节，笼型异步电动机的起动性能较差，功率因数滞后，励磁电流由电网供给。

2. 三相异步电动机结构

三相异步电动机主要有定子和转子两大基本部分构成。根据转子结构不同可分为笼型和绕线转子两种，笼型三相异步电动机的结构如图4-1-2所示。定子是电动机的固定部分，转子是电动机的旋转部分。

1）定子部分

定子是用来产生旋转磁场的。三相电动机的定子一般由外壳、定子铁心、定子绕组等部分组成。如图4-1-3所示。

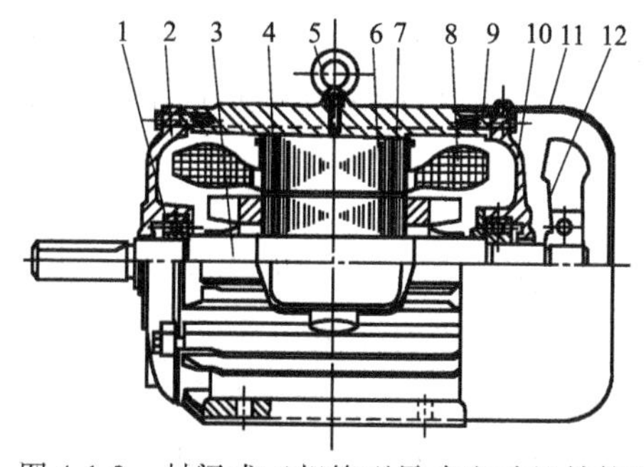

图4-1-2 封闭式三相笼型异步电动机结构图

1—轴承；2—前端盖；3—转轴；4—接线盒；5—吊环；6—定子铁心；7—转子；8—定子绕组；9—机座；10—后端盖；11—风罩；12—风扇

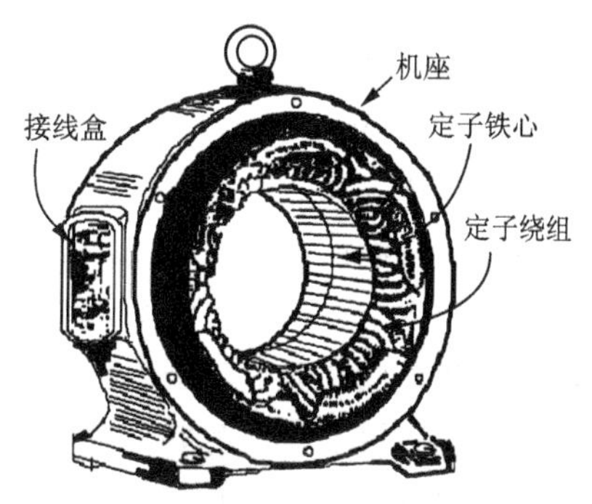

图4-1-3 电动机定子

① 三相电动机外壳包括机座、端盖、轴承盖、接线盒及吊环等部件。

a. 机座：用铸铁或铸钢浇铸成型，它的作用是保护和固定三相电动机的定子绕组。中、小型三相电动机的机座还有两个端盖支承着转子，它是三相电动机机械结构的重要组成部分。通常，机座的外表要求散热性能好，所以一般都铸有散热片。

b. 端盖：用铸铁或铸钢浇铸成型，它的作用是把转子固定在定子内腔中心，使转子能够在定子中均匀地旋转。

轴承盖：也是用铸铁或铸钢浇铸成型的，它的作用是固定转子，使转子不能沿轴向移动，另外还起存放润滑油和保护轴承的作用。

c. 接线盒：一般是用铸铁浇铸，其作用是保护和固定绕组的引出线端子。

吊环：一般是用铸钢制造，安装在机座的上端，用来起吊、搬抬三相电动机。

② 异步电动机定子铁心是电动机磁路的一部分，由0.25~0.35mm厚表面涂有绝缘漆的薄硅钢片叠压而成，如图4-1-4所示。由于硅钢片较薄而且片与片之间是绝缘的，所以减少了由于交变磁通通过而引起的铁心涡流损耗。铁心内圆有均匀分布的槽口，用来嵌放定子绕圈。

③ 定子绕组是三相电动机的电路部分，具体如图4-1-5所示。

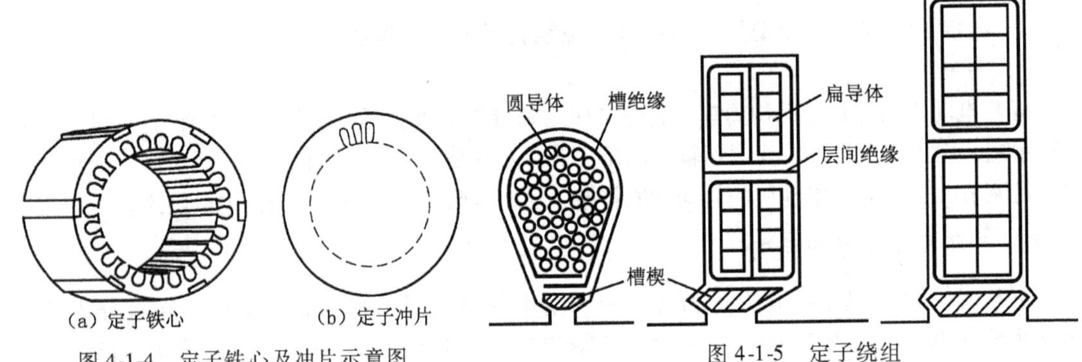

图4-1-4　定子铁心及冲片示意图

图4-1-5　定子绕组

三相电动机有三相绕组，通入三相对称电流时，就会产生旋转磁场。三相绕组由三个彼此独立的绕组组成，且每个绕组又由若干线圈连接而成。每个绕组即为一相，每个绕组在空间相差120°电角度。线圈由绝缘铜导线或绝缘铝导线绕制。中、小型三相电动机多采用圆漆包线，大、中型三相电动机的定子线圈则用较大截面的绝缘扁铜线或扁铝线绕制后，再按一定规律嵌入定子铁心槽内。定子三相绕组的六个出线端都引至接线盒上，首端分别标为U_1，V_1，W_1，末端分别标为U_2，V_2，W_2。这六个出线端在接线盒里的排列如图4-1-6所示，可以接成星形或三角形。

2）转子部分

转子的作用是产生感应电动势和感应电流，形成电磁转矩，实现机电能量的转换，从而带动负载机械转动。转子由转子铁心、转子绕组和转轴三部分组成。

转轴一般用中碳钢制成，用来支撑转子铁心和转子绕组，传递机械转矩，同时保证转子与定子间有一定均匀的空气隙。气隙是电动机磁路的一部分，它是决定电动机运行质量的一个重要因素。气隙过大将会使励磁电流增大，功率因数降低，电动机的性能变坏。气隙过小，则会使运行时转子铁心和定子铁心会相碰撞。一般中小型三相异步电动机的气隙为0.2~1mm。大型三相异步电动机的气隙为1.0~1.5mm。

转子铁心和定子铁心、气隙一起构成电动机的磁路部分。转子铁心一般也用0.5mm厚的硅钢片叠加而成圆柱形，压装在转轴上。转子铁心外圆周上冲有嵌放转子绕组的槽，如图4-1-7所示。

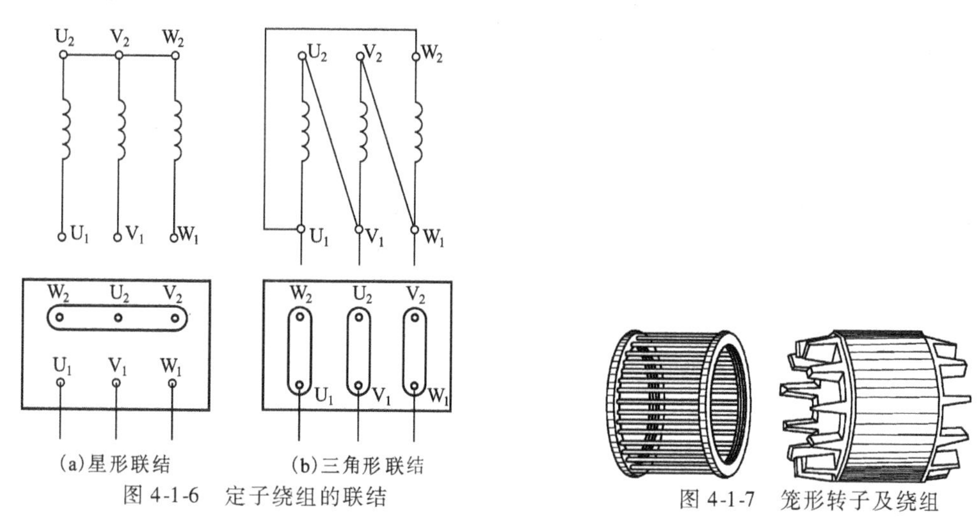

(a)星形联结　(b)三角形联结

图4-1-6　定子绕组的联结

图4-1-7　笼形转子及绕组

3. 三相电动机工作原理

电动机有三相对称定子绕组，接通三相对称交流电源后，绕组中产生有三相对称电流，在气隙中形成一个旋转磁场，转速为n_0。具体分析如图4-1-8所示。

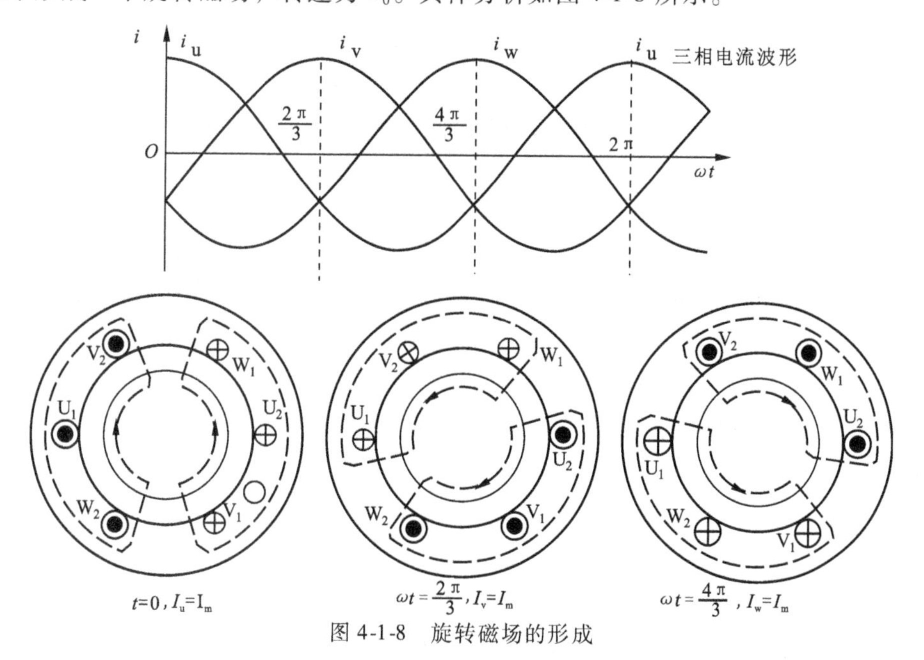

$t=0, I_u=I_m$　$\omega t=\frac{2\pi}{3}, I_v=I_m$　$\omega t=\frac{4\pi}{3}, I_w=I_m$

图4-1-8　旋转磁场的形成

通过分析，得出在对称三相绕组U_1U_2，V_1V_2，W_1W_2中所形成的合成磁场是一个随时间变化的旋转磁场。其大小取决于电动机的电源频率f和电动机的极对数p，即$n_1=60f/p$。此旋转磁场切割转子导体，在其中感应电动势和感应电流，其方向可用右手定则确定。此感应电流与磁场作用产生转矩，转矩方向可用左手定则确定，于是电动机便顺着旋转磁场方向旋转，如图 4-1-9 所示。

但转子速度 n 必须小于 n_1，否则转子中无感应电流，也就无转矩。转子转速 n 略低于且接近于同步转速 n_1，这是异步电动机“异步”的由来。

电动机的三态变化如图 4-1-10 所示。

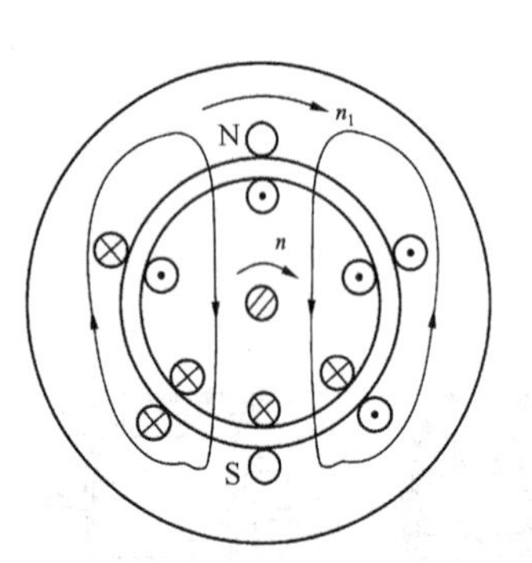

图 4-1-9　异步电动机的工作原理

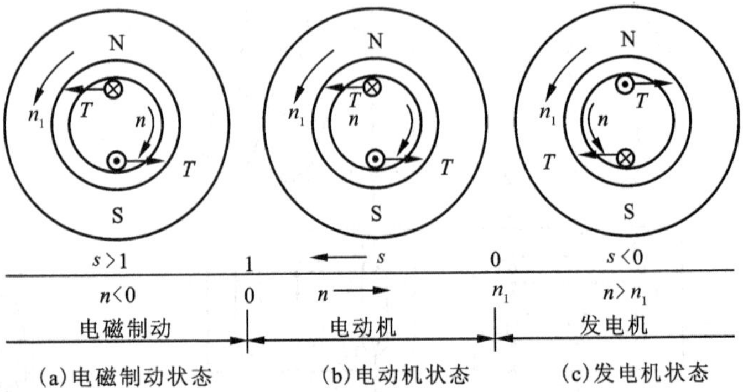

(a) 电磁制动状态　(b) 电动机状态　(c) 发电机状态

图 4-1-10　电动机的三态运行关系图

1）电动机运行

电磁转矩 T 是驱动转矩，电动机将从电源吸收（输入）的电能转变为轴上的机械能（输出），如图 4-1-10（b）所示。

2）发电机运行

如果异步电动机由其他原动机驱动，使转子仍顺着旋转磁场方向旋转，并且使其转速超过旋转磁场同步转速，感应在转子导体中的感应电动势和电流方向与电动机状态时相反，所以产生的电磁转矩方向反向，电磁转矩对电动机转轴起制动作用。定子绕组中电流有功分量相对于电动机状态是反向的，即电动机向电网输送出有功功率，将原动机的机械能通过电磁耦合磁场转变为电能，这时电动机为发电机运行状态，如图 4-1-10（c）所示。

3）电磁制动运行

如果作用在电动机转子上的外转矩使转子朝着与旋转磁场相反的方向转动，如起重机放下重物的情况，由于转子绕组与旋转磁场相对运动方向仍与电动机状态时一样，所以感应电动势与电流有功分量与电动机状态时相同，电磁转矩方向如图 4-1-10（a）所示，与电动机运行状态时一样，但外转矩使转子反方向旋转，所以电磁转矩对旋转的转子而言是制动性质。这时，电动机一方面从电网吸收电功率，另一方面转子也从外部吸收机械功率，二者都转变为转子内部电阻上的损耗，异步电机运行在电磁制动状态。

4. 转差率

异步电动机同步转速和转子转速的差值与同步转速之比称为转差率，用 s 表示，即

$$s=\frac{n_1-n}{n_1}\times 100\% \qquad (4\text{-}1)$$

异步电动机所带负载越大，转速越慢，转差率就越大。反之，负载越小，转速越快，转差率就越小。

例 4-1　三相异步电动机 $P=3$，电源 $f_1=50\,\text{Hz}$，电机额定转速 $n=960\,\text{r/min}$。求：转差率 s，转子电动势的频率 f_2。

解：

$$同步转速\ n_1=\frac{60f_1}{p}r/min=\frac{60\times 50}{3}=1000r/min$$

$$转差率\ s=\frac{n_1-n}{n_1}=\frac{1000-960}{1000}=0.04$$

$$f_2=sf_1=0.04\times 50=2Hz$$

5．三相交流异步电动机的铭牌数据

1）铭牌

每台电机的外壳上都装有一块铭牌，其中标注了电动机的额定值和一些基本技术数据，如表 4-1-1 所示。

表 4-1-1 电动机铭牌数据

三相异步电动机			
型号 Y-112-M-4		编号	
4.0kW		8.8A	
380V	1440r/min	LW82dB	
接法	防护等级 IP44	50Hz	45kg
	工作制 S_1	B 级绝缘	年　　月
×××电机厂			

2）铭牌参数说明

① 额定功率：是指电动机按铭牌所给条件运行时，轴端所能输出的最大机械功率。单位为千瓦或瓦（kW 或 W）。

② 额定电压：是指电动机在额定运行状态下加在定子绕组上的线电压。单位为伏特（V）。

③ 额定电流：是指电动机在额定电压和额定频率下运行，输出功率达额定值时，电网注入定子绕组的线电流。单位为安培（A）。

④ 额定频率：是指电动机所接电源的频率。单位为赫兹（Hz）

⑤ 额定转速：是指电动机在额定运行条件下，转子每分钟的转数。通常额定转速比同步转速（旋转磁场转速）低 2%～6%。

⑥ 型号：异步电动机的型号的含义如下：

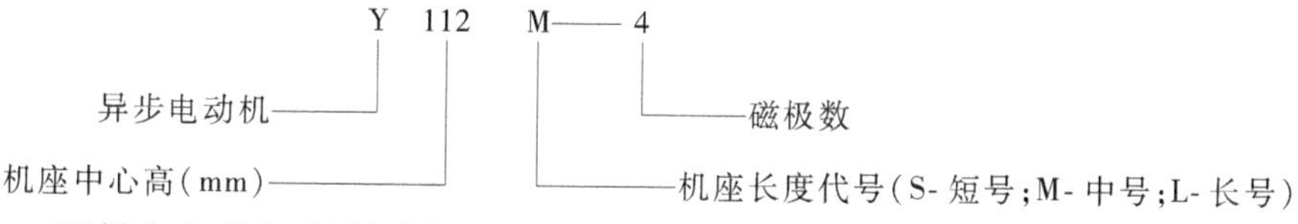

型号含义的解释说明如表 4-1-2、表 4-1-3 和表 4-1-4 所示。

表 4-1-2 小型异步电动机

机座号	1	2	3	4	5	6	7	8	9
定子铁心外径/mm	120	145	167	210	245	280	327	368	423
中心高度/mm	90	100	112	132	160	180	225	250	280

表 4-1-3 中型异步电动机

机座号	11	12	13	14	15
定子铁心外径/mm	560	650	740	850	990
中心高度/mm	375	450	500	560	620

表 4-1-4 异步电动机产品名称代号

产品名称	新代号	汉字意义	老代号
异步电动机	Y	异	J、JO
绕线转子异步电动机	YR	异绕	JR、JR0
防爆型异步电动机	YB	异爆	JB、JB0
高起动转矩异步电动机	YQ	异起	JQ、JQ0

⑦ 联结：是指电动机三相绕组 6 个线端的联结方法。见图 4-1-4 所示。

⑧ 定额：电动机定额分连续、短时和断续 3 种。

⑨ 温升：电动机运行中，部分电能转换成热能，使电动机温度升高。经过一定时间，电能转换的热能与机身散发的热能平衡，机身温度达到稳定。在稳定状态下，电动机温度与环境温度之差，称为电动机温升。

⑩ 绝缘等级：是指电动机绕组所用绝缘材料按它的允许耐热程度规定的等级，这些级别为 A 级，105℃；E 级，120℃；F 级，155℃。

技能与方法

【想一想】：

电动机如何进行维护？拆装时要用到哪些工具？拆卸与安装时要注意哪些事项？

常用拆装工具如表 4-1-5 所示。

表 4-1-5 拆装工具

序号	工具	图片
1	三相异步电动机一台	
2	拉具	
3	活动扳手	
4	手锤	

续表

序号	工　　具	图　　　片
5	螺钉旋具	
6	弯头长柄剪刀	
7	钢铜套	
8	手刷	

【练一练】:

1. 三相异步电动机的拆卸

以小功率三相笼型电动机拆卸为例介绍电机的拆除方法与步骤。

拆卸效果图如图 4-1-11 所示。

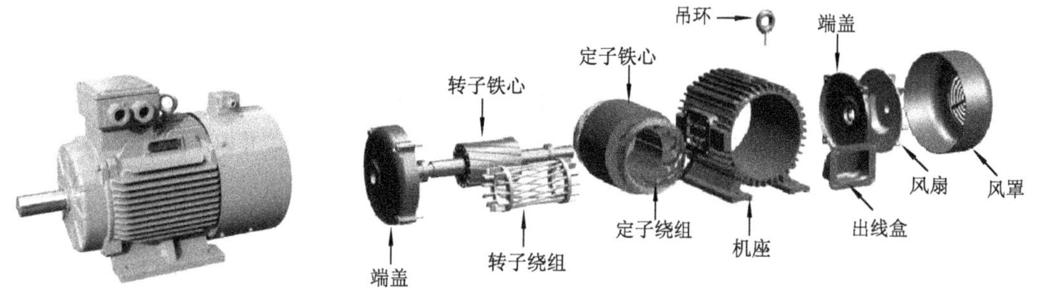

图 4-1-11　电动机的拆卸效果

拆卸流程图如图 4-1-12 所示。

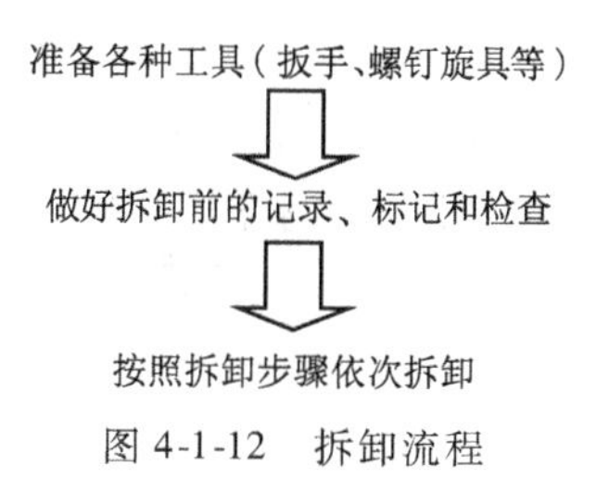

图 4-1-12　拆卸流程

拆卸步骤如图 4-1-13 所示。

图 4-1-13　拆卸步骤

① 拆卸电动机之前，必须拆除电动机与外部电气连接的连线，并做好相应标记，卸下皮带，如图 4-1-14 所示。

② 皮带轮或联轴器的拆装步骤：

a. 用粉笔标示皮带轮或联轴器的正反面，以免安装时装反。

b. 用尺子量一下皮带轮或联轴器在轴上的位置，记住皮带轮或联轴器与前端盖之间的距离。

c. 旋下压紧螺丝或取下销子。

d. 在螺钉孔内注入煤油。

e. 装上拉具，拉具有两脚和三脚，各脚之间的距离要调整好。

f. 拉具的丝杆顶端要对准电动机轴的中心，转动丝杆，使皮带轮或联轴器慢慢地脱离转轴，如图 4-1-15 所示。

图 4-1-14 拆开端接头

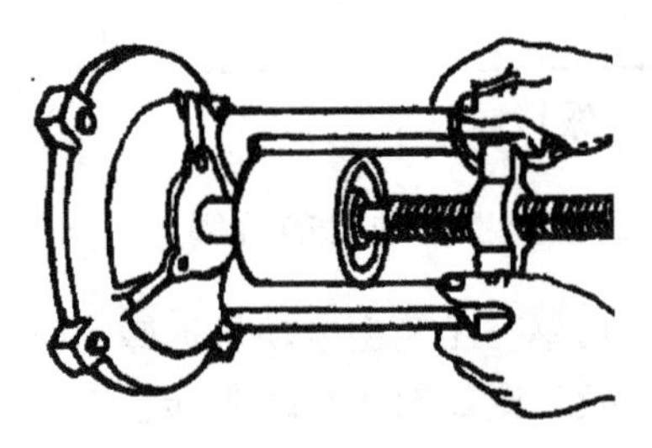

图 4-1-15 用拉具拆卸端盖

③ 拆卸风罩与风叶。

选择适当的旋具，旋出风罩与机壳的固定螺钉，即可取下风罩。将转轴尾部风叶上的定位螺钉或销子拧下，用小锤在风叶四周轻轻地均匀敲打，风叶就可取下，如图 4-1-16 所示。若是小型电动机，则风叶通常不必拆下，可随转子一起抽出。

④ 拆卸轴承盖和端盖。

拆卸轴承应先用适宜的专用拉具。拉力应着力于轴承内圈，不能拉外圈，专用拉具顶端不得损坏转子轴端中心孔（可加些润滑油脂）。在轴承拆卸前，应将轴承用清洗剂洗干净，检查它是否损坏，有无必要更换。

a. 卸下前轴承外盖，如图 4-1-17 所示。

图 4-1-16 拆卸风罩与风叶

图 4-1-17 卸下轴承外盖

b. 卸下前端盖，如图 4-1-18 所示。

c. 卸下后轴承外盖，如图 4-1-19 所示。继续拆卸后轴承外盖、端盖后就可抽出转子了。对于小型电动机抽出转子是靠人工进行的，为防手滑或用力不均碰伤绕组，应用纸板垫在绕组端部进行。

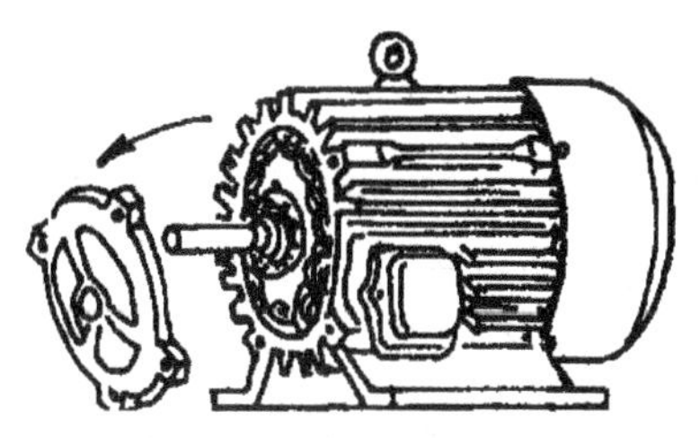

图 4-1-18　卸下前端盖

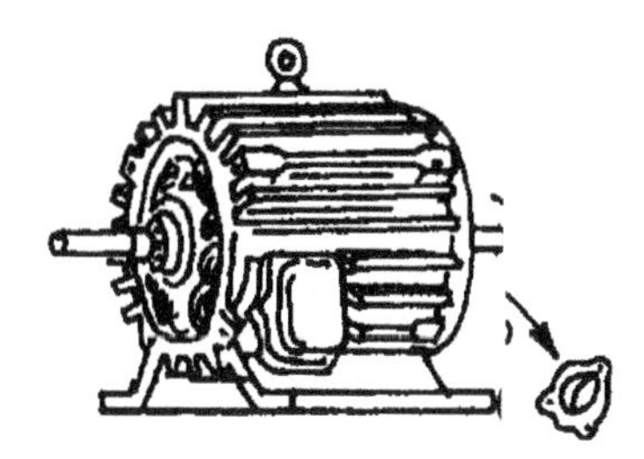

图 4-1-19　卸后轴承外盖

d. 卸下后端盖，如图 4-1-20 所示。

e. 抽出转子，如图 4-1-21 所示。

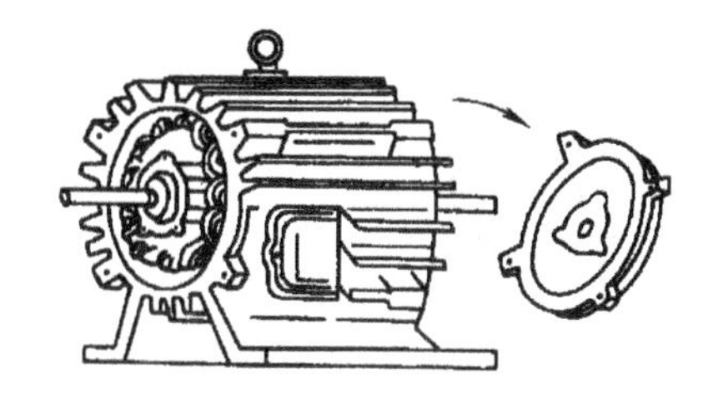

图 4-1-20　卸后端盖

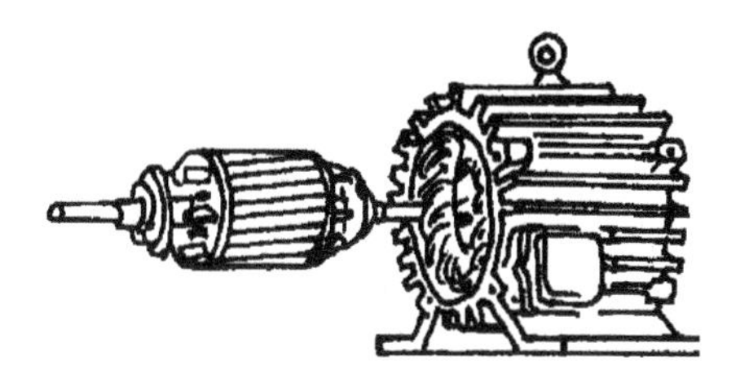

图 4-1-21　抽出转子

2. 异步电动机的装配

电动机的装配工序与拆卸时的工序相反。安装步骤如图 4-1-22 所示。装配前要检查定子内污物、锈蚀处是否清除干净，止口有无损坏；装配时应将各部件按标记复位，并检查轴承盖配合是否合适；用压缩空气吹净电动机内部灰尘，检查各部零件的完整性，清洗油污等。

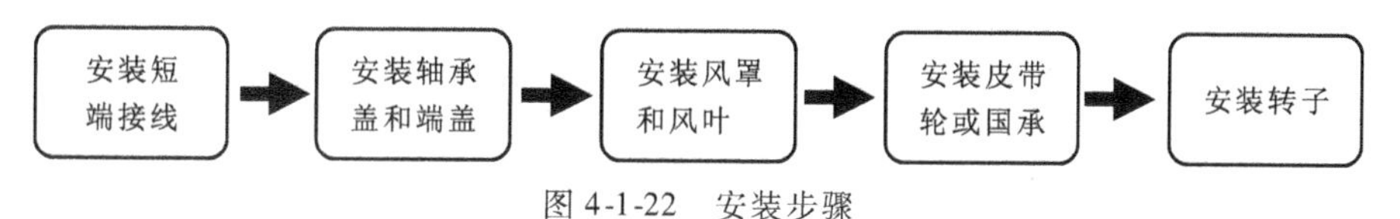

图 4-1-22　安装步骤

填写实训过程的表格，具体参考表 4-1-6。

表 4-1-6　三相异步电动机的拆装记录表

项目	训练内容	记　　录		结　论
1	拆卸前的准备工作	拆卸前应做复位标记的位置		
2	拆卸顺序			
3	拆卸皮带轮或联轴器	使用工具		
		操作要点		
4	轴承的拆卸与装配	使用工具		
		操作要点		
5	端盖的拆卸与装配	使用工具		
		操作要点		
6	前轴承内外盖的装配	使用工具		
		操作要点		

3. 交流异步电动机的维护

交流电动机的简单维护一般是在交流电动机停机拆卸过程中进行。一般要做如下工作：

① 清洁三相异步电动机绕组、轴承等。当交流电动机的拆卸完成后，一般可用很柔软的棉纱清洁绕组、轴承管部件，动作要轻，尤其是对定子绕组，否则很容易损坏绕组绝缘。

② 检查转子、定子绕组、轴承。拆卸后就能很清楚地看见定子、转子绕组绝缘有没有损坏或线圈有没有烧断之处，轴承上有没有划伤等，如果发现应立刻更换修理。

③ 给轴承添加润滑脂。电动机是一种能够长期连续旋转的机械，转轴的支撑点就在轴承与钢珠之间，它们之间是滚动摩擦，为了减小摩擦力，轴承内的润滑油脂无论是否老化过期，都必须定期更换。

④ 三相电动机定期维护记录表如表 4-1-7 所示（仅供参考）。

表 4-1-7 三相异步电动机定期维护记录表

检查部位	检查项目	检 查 内 容	记录	结 论
1. 定子、转子	绝缘电阻	定子绕组、转子绕组		
	外 部	外壳清擦、螺栓松动、各部分的变形损伤		
	端 子	接线端子、接地端子是否松动		
2. 传动装置	联轴器	螺栓松动、损伤、磨损、变形		
	皮带轮	带的松紧、有无破裂		
3. 集电环	集电环表面	磨损、椭圆度、变色、火花痕迹的程度		
	集电环绝缘部件	碳尘附着程度		
4. 电刷刷架	电 刷	磨损、刮伤、龟裂、凹痕和接触		
	刷 架	弹簧破损、紧固与弹力情况		
5. 轴 承	润滑油	油的污损、干涸		

4. 异步电动机故障的检查

电动机的故障检查包括外部检查和内部检查。首先根据具体的故障现象进行外部检查。

1）电动机外部检查

电动机的外部检查包括机械和电气两个方面。

① 机座、端盖有无裂纹，转轴有无裂痕或弯曲变形，转轴转动是否灵活，有无不正常的声响，风道是否被堵塞，风扇、散热片是否完好。

② 检查绝缘是否完好，接线是否符合铭牌规定，绕组的首末端是否正确。

③ 通过测量绝缘电阻和直流电阻来检查绝缘是否损坏，绕组中有否短路、断路及接地现象。

④ 上述检查未发现问题，应直接带电试验。用三相调压变压器开始施加约 30% 的额定电压，再逐渐上升至额定电压。若发现声音不正常，或有焦味，或不转动，应立即断开电源进行检查，以免故障进一步扩大。当起动发现问题时，要测量三相电流是否平衡，电流大的一相可能是绕组短路，电流小的一相，可能是多路并联的绕组中有支路断路。若三相电流基本平衡，可使电动机连续运行 1～2h，用手检查铁心部位及轴承端盖，若发现有烫手

的现象，应停车后立即拆开电动机，用手摸绕组端部及铁心部分，如线圈过热，则是绕组短路；如铁心过热，说明绕组匝数不足，或铁心硅钢片间的绝缘损坏。

2）电动机内部检查

经过上述检查后，确认电动机内部有问题时，就应拆开电动机，做进一步检查。

① 检查绕组部分，查看绕组端部有无积尘和油垢，绝缘有无损伤，接线及引出 线有无损伤；查看绕组有无烧伤，若有烧伤，烧伤处的颜色会变成暗黑色或烧焦，具有焦臭味。若烧坏一个线圈中的几匝线圈，说明是匝间短路造成；若烧坏几个线圈，多半是相间或连接线（过桥线）的绝缘损坏所引起的；若烧坏一相，这多为三角形接法，是有一相电源断电所引起；若烧坏两相，这是有一相绕组断路而产生的；若三相全部烧坏，大都是由于长期过载，或起动时卡住引起的，也可能是绕组接线错误引起；查看导线是否烧断和绕组的焊接处有无脱焊、假焊现象。

② 检查铁心部分，查看转子、定子铁心表面有无擦伤痕迹。如转子表面只有一处擦伤，而定子表面全都擦伤，这大都是转轴弯曲或转子不平衡所造成的；若转子表面一周全有擦伤痕迹，定子表面只有一处伤痕，这是定子、转子不同心所造成的，如机座和端盖止口变形或轴承严重磨损使转子下落；若定子、转子表面均有局部擦伤痕迹，是由于上述两种原因所共同引起的。

③ 查看风扇叶有否损坏或变形，转子端环有无裂纹或断裂；然后再用短路测试器检验导条有无断裂。

④ 检查轴承部分，查看轴承的内外套与轴颈和轴承室配合是否合适，同时也要检查轴承的磨损情况。

注意：如果皮带轮或联轴器一时拉不下来，切忌硬卸，可在定位螺钉孔内注入煤油，等待几个小时以后再拉。若还拉不下来，可用喷灯将皮带轮或联轴器四周加热，加热的温度不宜太高，要防止轴变形。

拆卸过程中，不能用手锤直接敲出皮带轮或联轴器，以免皮带轮或联轴器碎裂、轴变形、端盖等受损。

在固定端盖螺钉时，不可一次将一边端盖拧紧，应将另一边端盖装上后，两边同时拧紧。要随时转动转子，看其是否灵活转动，以免装配后电动机旋转困难。

①拆、装时不能用手锤直接敲击零件，应垫铜、铝棒或硬木，对称敲。装端盖前应用粗铜丝从轴承装配孔伸入钩住内轴承盖，以便于装配外轴承盖。清洗电动机及轴承的清洗剂（汽、煤油）不准随便乱倒，必须倒入污油井内。②检修场地需打扫干净。③团结协作，互帮互助是提高效率的关键。④实训结束进行6S整理。

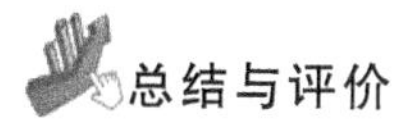

总结与评价

理论知识部分主要通过学生口头报告、作业形式进行小组评价或教师评价。实操技能部分，一方面要对学生在实操中各个环节运用的有关方法、掌握技能的水平进行定性评价，另一方面还要对学生的实践操作结果进行抽样测量、检查，给予最终定量评价，如表4-1-8所示。

表 4-1-8 项目评价记录表

评价项目	项目评价内容		分值	自我评价	小组评价	教师评价	得分
理论知识	了解电动机的分类及用途		5				
	熟悉并掌握电动机结构及工作原理		5				
	会简单计算电动机的转差率		5				
	熟悉常用的电动机拆装工具		5				
	会识读电动机的铭牌，并理解其含义		5				
实操技能	学会电动机拆装工具的选取		5				
	在老师的指导下完成电动机的修配		10				
	学会电动机的装配与调试及检测方法		5				
	检修工具的正确使用		5				
	会正确填写记录表格		5				
安全文明生产	工具、量具的正确使用		5				
	遵守操作规程或实训室实习规程		5				
	工具、量具的正确摆放与用后完好性		5				
	实训室安全用电		10				
	6S 整理		5				
学习态度	出勤情况		5				
	车间纪律		5				
	小组合作情况（团队协作）		5				
个人学习总结	成功之处						
	不足之处						
	改进措施						

思考与练习

1. 填空题

（1）三相异步电动机主要，由______和______两大基本部分构成。根据______不同可分为笼型和______型两种。

（2）定子是用来产生旋转磁场的。三相电动机的定子一般由______、______、______等部分组成。

（3）______和______、______一起构成电动机的磁路部分。

（4）异步电动机所带负载越大，______越慢，______就越大。反之，负载越小，______越快，______就越小。

（5）通常电动机的额定转速比同步转速（旋转磁场转速）低______。

（6）异步电动机拆卸步骤分为______、______、______、______、______五步。

（7）若烧坏一个线圈中的几匝线圈，说明是由______造成的；若烧坏几个线圈，多半是______的绝缘损坏所引起的；若烧坏一相，这多为三角形接法，是由一相电源断电所引起的；若烧坏两相，这是因有一相绕组断路而产生的；若三相全部烧坏，大都是由于

______，或起动时卡住引起的，也可能是绕组接线错误引起的。

(8) 旋转磁场转速的快慢与______、______有关。

2. 问答题

(1) 通过三相异步电动机上的铭牌，可以了解哪些技术指标？

(2) 什么是转差率？它与电动机的转速之间的关系是什么？

(3) 简述异步电动机的工作原理。

(4) 画出电动机星形联结与三角形联结的接线示意图。

(5) 叙述三相异步电动机由哪几部分组成？并简单叙述各部分作用？

(6) 简述三相异步电动机的拆卸步骤。

(7) 电动机拆卸过程中应注意哪些事项？

(8) 异步电动机的故障检测内容有哪些？如何进行？

(9) 交流电动机简单维护的内容有哪些项目？

3. 计算题

(1) 根据以下三相异步电动机的铭牌说出额定功率、额定电压、额定电流、电动机的型号。

型号 Y160M-4	功率 15kW	频率 50Hz
电压 380V	电流 30.3A	接法 D
转速 1 440r/min	温升 75℃	绝缘等级 B
工作方式 S1	防护等级 IP44	编号
重量	×××电机厂	出厂日期

(2) 一台 Y225M-4 型的三相异步电动机，定子绕组△型联结，其额定数据为：$P_{2N}=45kW$，$n_N=148\ r/min$，$U_N=380V$，$\eta=92.3\%$，$\cos\varphi_N=0.88$，$I_{st}/I_N=1.9$，$T_{max}/T_N=2.2$，求：

① 额定电流 I_N；

② 额定转差率 S_N；

③ 额定转矩 T_N、最大转矩 T_{max}、和起动转矩 T_N。

(3) 一台三相异步电动机，在额定转速下运行，$n_N=1\ 470r/min$，电源频率 $f_1=50Hz$，试求：

① 转子电流频率 f_2；

② 定子电流产生的旋转磁动势以什么速度切割定子？又以什么速度切割转子？

③ 由转子电流产生的转子磁动势以什么速度切割定子？又以什么速度切割转子？

任务2 三相异步电动机的检测

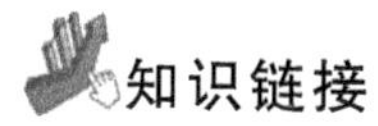

知识链接

对于电动机的使用者来说，电动机的电磁转矩和机械特性是非常重要的两项指标。而电磁转矩是电机在电能和机械能之间进行能量形态转换的关键。

1. 三相异步电动机的特性表达式

三相异步电动机的机械特性参数表达式：

$$T=\frac{m_1}{\Omega_0}\frac{U_x^2 R_2'/s}{(R_2'/s+r_1)^2+(x_1+x_2')^2} \tag{4-2-1}$$

2. 异步电动机的机械特性

电磁转矩 T 与转差率 s 有关，并且与定子每相电压 U_1 的平方成正比，电源电压对转矩影响较大。同时，电磁转矩 T 还受到转子电阻 R_2 的影响。绕线转子异步电动机就是通过改变转子电阻从而改变电动机的电磁转矩的。三相异步电动机的转矩特性曲线如图 4-2-1 所示。

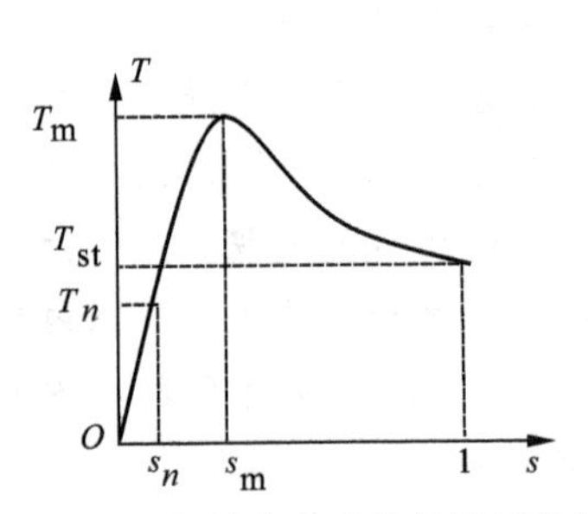

图 4-2-1　三相异步电动机的转矩特性曲线

电磁转矩 T 随 s 的变化而变化。中间的转折点对应电磁转矩的最大值 T_m，最大转矩又称临界转矩，其大小与定子电源电压成正比。

$$T_m=KU_1^2\frac{1}{2X_{20}} \tag{4-2-4}$$

对应 T_m 的转差率称为临界转差率，其大小与 R_2 成正比。

$$s_m=\frac{R_2}{X_{20}} \tag{4-2-2}$$

由于不论是笼型还是绕线转子异步电动机的转子电阻 R_2 都很小，因此一般异步电动机的 s_m 在 0.04（大型电动机）到 0.02（小型电动机）之间。异步电动机的最大转矩 T_m 和转子电阻 R_2 的大小无关。但若使 R_2 增大，则 s_m 增大，转矩曲线向右偏移。反之，则 s_m 减小，转矩曲线向左偏移，如图 4-2-2 所示。线绕转子异步电动机就是利用这一原理改善电动机的起动和调速性能的。

电动机的转速 n 与电磁转矩 T 之间的关系，即电动机的机械特性 $n=f(T)$。把电动机的转矩特性曲线中的 s 坐标改换成转子的转速 n，并按顺时针方向旋转 90°，便可得到 $n=f(T)$ 曲线，如图 4-2-3 所示。

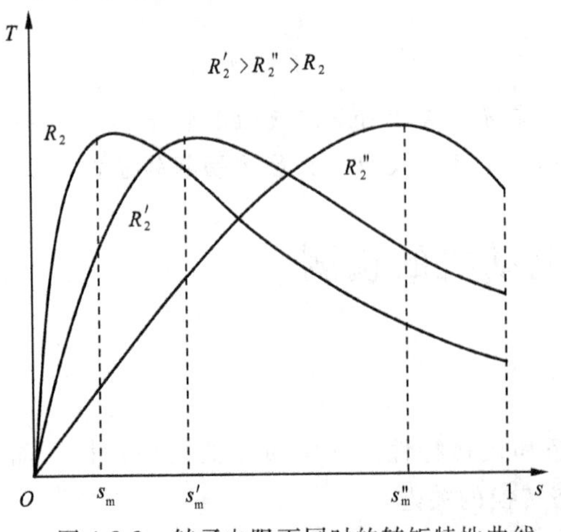

图 4-2-2　转子电阻不同时的转矩特性曲线

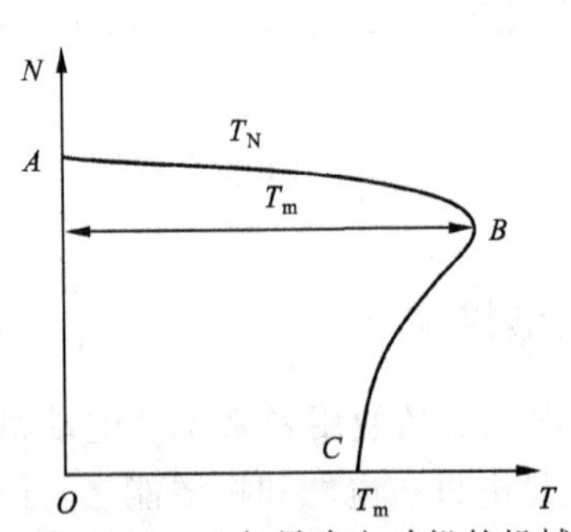

图 4-2-3　三相异步电动机的机械特性曲线

1）起动转矩

起动转矩是衡量电动机起动性能的重要技术指标之一。起动转矩越大。电动机加速度越大，起动过程越短，说明起动性能越好。反之，若起动转矩小，起动困难，起动时间长，很容易使电动机绕组过热，甚至起动不起来. 这说明电动机的起动性能差。国家规定电动机的起动转矩不能小于一定的范围。一般异步电动机的起动能力通常用起动转矩与额定转矩的比值来表示，称为起动系数。

一般三相笼型异步电动机的起动系数0.8～2.2，绕线转子异步电动机由于转子可以外接起动电阻器，从而可以增大起动转矩，提高起动性能。

电动机起动时，只要起动转矩大于负载转矩，电动机便能转功起来，随着转子转速 n 的逐渐升高，电磁转矩 T 逐渐增大，很快越过最大转矩 T_m，然后随着转子转速 n 的升高，电磁转矩又逐渐减小，直到电磁转矩等于负载转矩，电动机便以某一转速稳定运行。由此可见，电动机只要起动起来，就工作在机械特性曲线的 AB 区域。AB 区域称为稳定运行区，BC 区域称为不稳定运行区。

2）额定转矩 T_N

额定转矩是指电动机在额定电压、额定负载下，轴上输出的电磁转矩。它是电动机轴上输出机械转矩的最大允许值。其计算公式为：

$$T_N = \frac{9550P_N}{n_N} \tag{4-2-5}$$

可以得出额定功率相同的电动机，当转速低时，转矩就大。又由于转速与磁极对数成反比，因此极数多，转速就低，转矩也就大。

3）异步电动机的最大转矩 T_m

最大转矩是衡量电动机短时过载能力的一个重要技术指标。最大转矩越大，电动机承受机械负载冲击的能力就越大。如果电动机在带负载运行中发生了短时过载现象，当电动机的最大转矩小于负载转矩 T_N 时，电动机的转速会急剧下降，直至停转，发生所谓“闷车”现象。

异步电动机要求有一定的过载能力。通常用最大转矩 T_m 与额定转矩 T_N 的比值来描述电动机的过载能力，过载系数用 λ 表示。一般异步电动机的过载系数都在1.8～2.2之间。

$$\lambda = \frac{T_m}{T_N} \tag{4-2-6}$$

4）运行特性

异步电动机的运行特性是指在额定电压 U_1 和额定频率 f_1 下运行时，电动机转子转速 n、输出转矩 T_2、定子电流 I_1、定子电路的功率因数、电动机效率与输出功率之间的关系。这些关系可分别用相应的关系曲线来描述，如图4-2-4所示。

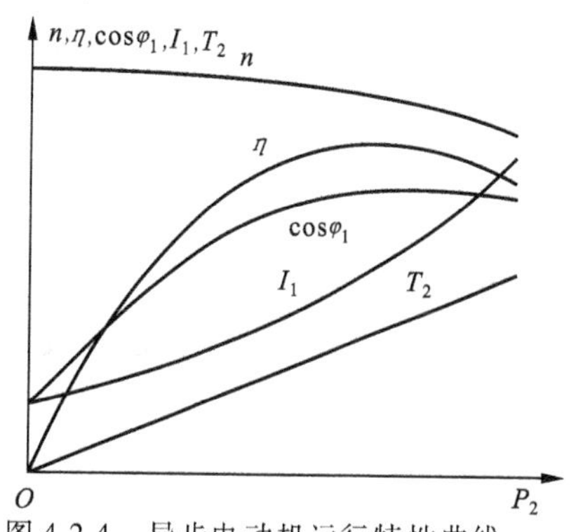

图4-2-4 异步电动机运行特性曲线

（1）转速特性

电动机空载时，输出功率 $P_2=0$，由于空载转矩很小，电磁转矩 T，转差率 s 近似为零，因此空载转速 $n=n_1$。有载时，随着负载的增大，输出功率增大，负载转矩增大，电磁转矩增大，转差率增大，转速降低。

（2）转矩特性 T_2

异步电动机的输出转矩为

$$T_2=\frac{T_2}{\Omega}=\frac{P_2}{2\pi\frac{n_2}{60}} \tag{4-2-7}$$

由于电动机在正常运行时，转速变化不大，因此转矩特性可近似看成为一条直线。

（3）定子电流特性 I_2

空载时，电动机的定子电流基本都是励磁电流，由于电动机的磁路有空气隙，因而建立一定的磁场所需的励磁电流比变压器的励磁电流大的多。电动机的空载电流为额定电流的 20% ~30% 。有载时，随着负载的增大，输出功率增大，定子电流也随之增大。

（4）定子功率因数

由于电动机空载时的定子电流基本不是励磁电流，因此空载时的功率因数很低，一般仅有 0.2 ~0.3。有载时，随着负载的增大，输出功率增大，定子电流增大的基本都是电流的有功分量，因此功率因数逐渐提高，到额定负载时，功率因数一般为 0.7 ~0.9。

（5）效率特性

电动机空载时，$P_2=0$，$T=0$。有载时，随着负载的增大，输出功率增大。效率迅速增加。在电动机正常运行范围内因主磁通和转速变化很小。故铁耗和机械损耗可认为基本不变（不变损耗）。铜损耗随负载的增大而增大（可变损耗）。当可变损耗等于不变损耗时，电动机的效率达到最高。若负载继续增大会令效率有所减小。效率的最大值一般出现在额定负载的 70% ~100% 范围内，额定效率一般为 75% ~95% 。

由于额定负载附近的功率因数及效率均较高，因此电动机应运行在额定负载附近。尽量避免或减少轻载和空载运行的时间。

（6）电动机的起动

当定子绕组接通三相电源后，电动机开始起动。电动机的起动是指电动机的转子由静止状态加速到稳定运行状态的过程。电动机的起动过程非常短暂，一般小型电动机的起动时间在几秒以内，大型电动机的起动时间为十几秒到几十秒。电动机在起动瞬间，旋转磁场以最大的相对转速切割转子导线，转子的感应电动势最大，转子电流最大，定子电流也同时达到最大，其值为额定电流的 4 ~7 倍。由于起动时间短，只要不是频繁起动，起动电流对电机本身一般不会造成大的危害。但过大的起动电流会使电源内部及供电线上的压降增大，导致电力网的电压降低，从而影响接在同一线路上其他负载的正常工作。

技能与方法

【想一想】：

电动机长期运行后，会出现故障，应该怎样进行判断？判断出来的故障又该如何进行处理？

【练一练】：

1．常见故障的检测

中、小型三相异步电动机应用广泛，使用环境十分复杂，因此也很容易发生故障。如果在发生轻微故障时能及时发现和进行处理，就可以减少损失。

电动机常见的故障可以归纳为机械故障，如负载过大，轴承损坏，转子扫膛（转子外圆与定子内壁摩擦）等；电气故障，如绕组断路或短路等。三相异步电动机的故障现象比较复杂，同一故障可能出现不同的现象，而同一现象又可能由不同的原因引起。在分析故障时要透过现象抓住本质，用理论知识和实践经验相结合，才能及时准确地查出故障原因。

检查的方法如下：

一般的检查顺序是先外部后内部、先机械后电气、先控制部分后机组部分。采用“问、看、闻、摸”的办法。

问：首先应详细询问故障发生的情况，尤其是故障发生前后的变化，如电压、电流等。

看：观察电动机外表有无异常情况，端盖、机壳有无裂痕，转轴有无弯曲，转动是否灵活，必要时打开电动机观察绝缘漆是否变色，绕组有无烧坏的地方。

闻：也可用鼻子闻一闻有无特殊气味，辨别出是否有绝缘漆或定子绕组烧毁的糊味。

摸：用手触摸电动机外壳及端盖等部位，检查螺栓有无松动或局部过热（如机壳某部位或轴承附近等）情况。

如果表面观察难以确定故障原因，可以使用仪表测量，以便做出科学、准确的判断。其步骤如下：

① 用兆欧表分别测量绕组相间绝缘电阻、对地绝缘电阻。

② 如果绝缘电阻符合要求，用电桥分别测量三相绕组的直流电阻是否平衡。

③ 前两项符合要求即可得电，用钳形电流表分别测量三相电流，检查其三相电流是否平衡而且是否符合规定要求。

三相异步电动机绕组损坏大部分是由单相运行造成。即正常运行的电动机突然一相断电，而电动机仍在工作。由于电流过大，如不及时切断电源势必烧毁绕组。单相运行时，电动机声音极不正常，发现后应立即停车。造成一相断电的原因是多方面的，如一相电源线断路，一相熔断器熔断、开关一相接触失灵、接线头一相松动等。

此外，绕组短路故障也较多见，主要是绕组绝缘不同程度的损坏所致。如绕组对地短路、绕组相间短路和一相绕组本身的匝间短路等都能导致绕组不能正常工作。

当绕组与铁心间的绝缘损坏时，发生接地故障，由于电流很大，可能使接地点的绕组烧断或使熔体熔断，继而造成单相运行。

相间绝缘损坏或电动机内部的金属杂物（金属碎屑、螺钉、焊锡豆等）都可导致相间短路，因此装配时一定要注意电动机内部的清洁。

一相绕组如有局部导线的绝缘漆损坏（如嵌线或整形时用力过大，或有金属杂物）可使线圈间造成短路，使绕组有效圈数减少，电流增大。三相异步电动机常见故障及处理方法如表4-2-1所示。

表 4-2-1 三相异步电动机故障及处理方法

故障		故障原因	故障检查及处理方法
分类	现象		
空载不转	1. 接通开关后，电动机无反应	定子绕组两相或三相未得电	① 用试电笔检查电源线是否三相都有电，查明原因，予以解决 ② 检查开关，接触器使之接触可靠 ③ 检查或更换熔断器 ④ 检查电动机接线板的接头是否锈蚀或接触不良 ⑤ 用万用表检查绕组是否断路，查明原因，予以处理
	2. 开关刚一接通，熔断器立即“放炮”	定子绕组接地	⑥ 用兆欧表分别测量每相绕组的对地绝缘，查出接地点后；可用绝缘纸》，并涂绝缘漆
		定子绕组相间短路	⑦ 用兆欧表测量绕组相间绝缘，找出短路点后，用绝缘纸衬垫并涂绝缘漆
		定子绕组二相接反	⑧ 检查、确定三相绕组的始、末端，按规定接法重新接线
	3. 电源接通后，电动机嗡嗡作响或微微转动	定子绕组一相未得电	⑨ 参照 1～5
		严重的匝间短路（如很严重，熔断器“放炮”	⑩ 用电桥分别测量三相电阻，如阻值不等即可确认转动不正常原因
		气隙严重不均匀，得电后由于单边磁拉力使定、转子磁铁吸合	⑪ 观察有无振动，停电后转子转过一个角度再送电，看是否又在原来的地方吸住，仔细调整装配，或更换有关零件
空载转，但三相电流不平衡	4. 电机起动正常，但三相电流不平衡	电源电压不平衡	⑫ 用万用表检测三相电压，如不平衡，查找电网中是否有大功率单相负载，如电焊机、单相电炉等，采取相应措施
	5. 电机起动正常，但三相电流不平衡，且伴随有不正常响声	个别并联支路或部分线圈极性接错	⑬ 对分支路和极相组检查，更正错误
		匝间少量短路	⑭ 参照 10
空载电流过大	6. 空载时测量三相电流过大	定子绕组电压过高	⑮ 检测电源电压，如超出额定值 5%，可向供电部门反应调整
			⑯ 检查是否把 Y 接错为 △，如接错可以改正
		定、转子间气隙过大	⑰ 测量定、转子的内、外径，计算核对间隙值
		定、转子铁心没对齐	⑱ 打开电动机一侧端盖，观察铁心是否对齐，并进行适当的调整
		电动机本身机械损耗减小，摩擦损耗过大	⑲ 检查装配质量，轴承的润滑，端盖的同心度等设法减小摩擦
		大修后每相绕组串联匝数少于原设计匝数	⑳ 重新核对绕组数
		铁心重量不足，铁心材料不好	㉑ 结合电动机生产、大修情况考虑

续表

故障		故障原因	故障检查及处理方法
分类	现象		
负载时转矩不足	7. 空载运转正常，但加负载后，转速急剧下降，带负载无法正常起动	绕组相电压过低	㉒ 检测电源电压，如网路电压低可向供电部门反映调整
			㉓ 若起动前电压正常，起动时测量电压急剧下降，说明供电容量不足。
			㉔ 电源电压正常，测量时电动机出线端电压低，说明线路电压较大，可增加导线的截面积或缩短与电源的距离
			㉕ 检查是否把△接错为 *Y*
		笼型转子断条	㉖ 用“短路检查器”检测，或空载转一段时间迅速打开电动机，摸一下转子是否比其他部位热
温升高	8. 电动机运行时，温度及电流都超过额定值	负载过大，超载运行	㉗ 检查、调整负载
		转子细条，即转子导条截面积小，损耗大	㉘ 电动机运转发热后迅速打开，检查转子温度是否高于其他部位
	9. 电动机发热超过温升限度，但电流基本正常	电动机端电压过高	㉙ 同12
		正反转起动频繁	㉚ 减少正反转起动次数
		轴承磨损或润滑不良	㉛ 检查轴承和润滑脂，采取相应措施度
		通风散热不良	㉜ 检查通风装置是否不良，风扇固定螺钉是否松动，风路有无阻塞，封闭式电动机散热片是否有油垢覆盖。采取相应措施，设法降温
震动	10. 空载时震动	安装基础不稳，刚度不够	㉝ 调整、改造电动机安装基础
		转子转动不平衡	㉞ 打开电动机检查，校正转子动平衡
		转轴轴伸弯曲	㉟ 用百分表检查轴伸偏摆程度，设法校正
		传动装置转动不平衡	㊱ 检查、校正皮带轮或联轴器
	11. 空载时正常，带负载时震动	联轴器对接时不在同一轴线	㊲ 调整电动机位置，使轴线重合
	12. 运行中突然震动	单相运行	㊳ 立即停车，参照1～5检查、处理
不正常声响	13 空载时声响不正常，断电后，随转速下降而减小	风扇刮护罩	㊴ 检查、调控风扇及护罩
		轴承损坏	㊵ 检查、更换轴承
		扫膛、即定转子铁心相摩擦	㊶ 打开电机检查相擦痕迹，调整装配或更换零件，使气隙均匀。
	14. 空载响声不正常，断电后立即消失	Y绕组在中心点附近接地	㊷ 同6
		匝间短路	㊸ 同10
		个别并联电路或部分线圈损坏	㊹ 同13
	15. 运行中突然出现不正常响声	单相运行	㊺ 同38

2. 三相异步电动机修理后的试验

一台大修的电动机在嵌线、接线和上漆等环节都要进行半成品检查，目的是及早发现问题并采取补救措施。在电动机总装配完成之后，还要进行出厂试验，以验明修理后的电动机是否符合质量要求。下面是一些常规的检查试验。

进行试验之前，先检查电动机的装配质量，以确保试验的安全和取得可靠数据。例如，电动机的各部螺栓是否都已紧固；出线端标志是否正确；转子转动是否灵活，轴承润滑是否良好等。经检查无误后才可进行检查试验工作。

试验项目和标准，电动机生产厂和国家标准都有明确规定，修理电动机的试验也可作为参考。为了保证修理电动机的质量，一般应做以下检查试验项目：

①测量绕组的绝缘电阻及直流电阻；② 绕组耐压试验；③ 空载试验；④ 短路试验。

注意： 电动机故障的检测要注意方法与步骤，特别是要能根据现象制定准确的故障排除方法。以免二次故障的产生。

①团结协作，互帮互助是提高效率的关键。②电动机检修前需要哪些工具要清楚。③电动机故障检修步骤要清楚。④实训结束进行6S整理。

总结与评价

理论知识部分主要通过学生口头报告、作业形式进行小组评价或教师评价。实操技能部分，一方面要对学生在实操中各个环节运用的有关方法、掌握技能的水平进行定性评价，另一方面还要对学生的实践操作结果进行抽样测量、检查，给予最终定量评价。

表 4-2-2 项目评价记录表

评价项目	项目评价内容	分值	自我评价	小组评价	教师评价	得分
理论知识	了解并熟悉电动机运行知识	5				
	熟悉电动机的操作规程	5				
	熟悉电动机常见故障的种类并了解产生的原因	5				
	掌握运行维护中的常识性知识	5				
实操技能	学会正确选用电动机维修工量具	5				
	了解电动机日常维护项目	5				
	学会电动机的故障诊断	5				
	知道电动机检修后的检验方法	5				
	会正确填写记录表格	5				
安全文明生产	工量具的正确使用	5				
	遵守操作规程或实训室实习规程	5				
	工具量具的正确摆放与用后完好性	5				
	实训室安全用电	10				
	6S 整理	5				

续表

评价项目	项目评价内容		分值	自我评价	小组评价	教师评价	得分
学习态度	出勤情况		5				
	车间纪律		5				
	小组合作情况（团队协作）		5				
个人学习总结	成功之处						
	不足之处						
	改进措施						

思考与练习

1. 判断题

（1）临界转矩，其大小与定子电源电压 U_1^2 成正比。（　　）

（2）临界滑差大小与转子电阻大小成反比。（　　）

（3）一般异步电动机的 s_m 在0.04（大型电机）到0.02（小型电机）之间。（　　）

（4）电功机起动时，只要起动转矩等于负载转矩，电动机便能转动起来。（　　）

（5）异步电动机效率的最大值一般出现在额定负载的70%～100%范围内，额定效率一般为75%～95%。（　　）

（6）一般情况下异步电动机的起动电流是额定电流的3倍左右。（　　）

（7）一般的检查顺序是先外部后内部、先机械后电气、先控制部分后机组部分。采用“问、看、闻、摸”的办法。（　　）

（8）三相异步电动机绕组损坏大部分是由短路运行造成的。（　　）

（9）电动机运行中可以用电流表分别测量三相电流，检查其三相电流是否平衡而且是否符合规定要求。（　　）

（10）电动机故障的检测要注意方法与步骤，特别是要能根据现象制定准确的故障排除方法。以免二次故障的产生。（　　）

2. 问答题

（1）什么是电动机的机械特性？

（2）三相异步电动机的临界转矩、临界转差率与哪些因素有关系？

（3）三相异步电动机起动电流一般是额定电流的多少倍？

（4）什么是电动机的额定转矩？它与什么有关系？

（5）电动机的故障分哪几类？常见的检查方法有哪些？

（6）请叙述利用仪表判断故障的步骤。

（7）接通开关后，电动机无反应，请根据故障现象判断可能的原因是什么？相应的检查处理办法是什么？

（8）简述三相异步电动机修理后的试验方法及步骤。

（9）电动机空载转，但三相电流不平衡，请问造成的原因是什么？

（10）电动机发热超过温升限度，但电流基本正常会。请叙述检查处理的办法。

任务3 三相异步电动机定子绕组分析

知识链接

1. 对定子绕组的基本要求和分类

三相异步电动机的旋转磁场是依靠定子绕组中通以交流电流来建立的。

1）对定子绕组的基本要求

① 绕组通过电流之后，必须形成规定的磁极对数，这由正确的连线来确定。

② 三相绕组在空间布置上必须对称，以保证三相磁动势及电动势对称。

③ 三相绕组通过电流所建立的磁场在空间的分布应尽量为正弦分布且旋转磁场在三相绕组中的感应电动势必须随时间按正弦规律变化。

④ 在一定的导体数之下，建立的磁场最强而且感应电动势最大。

⑤ 用铜量少，嵌线方便，绝缘性能好，机械强度高，散热条件好。

2）定子绕组的分类

异步电动机定子绕组的种类很多，按相数可分为单相、两相和三相绕组；按槽中绕组数量的不同，可分为单层、双层和单双层混合绕组；按绕组端接部分的形状分，单层绕组有同心式、交叉式和链式，双层绕组有叠绕组和波绕组；按每极每相所占的槽数是整数还是分数，有整数槽和分数槽等。

2. 基本概念

为了便于掌握绕组的排列和连接规律，先介绍有关交流绕组的一些基本知识与概念。

1）线圈

组成交流绕组的单元是线圈。它有两个引出线，一个叫首端，另一个叫末端，如图4-3-1所示，其中，铁心槽内的直线部分称为有效边，槽外部分称为端部。

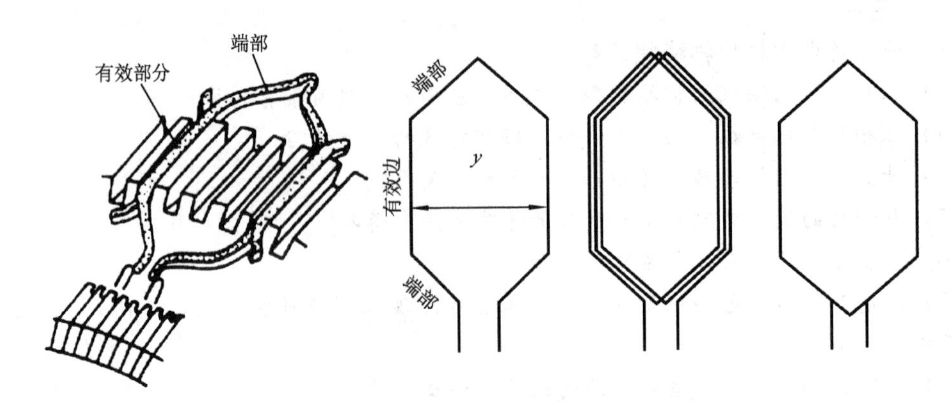

图4-3-1 交流绕组线圈

2）电角度与机械角度

电动机圆周在几何上分成360°，这个角度称为机械角度。从电磁观点来看，若磁场在空间按正弦波分布，则经过N-S一对磁极恰好相当于正弦曲线的一个周期，因而一对磁极占有的空间是360°电角度。若电动机有p对磁极，电动机圆周期按电角度计算为$p\times360°$，而机械角度总是360°，因此，电角度$=p\times$机械角度。

3）绕组及绕组展开图

绕组是由多个线圈按一定方式连接起来构成的。表示绕组的连接规律一般用绕组展开图，即设想把定子（或转子）沿轴向展开、拉平，将绕组的连接关系画在平面上。

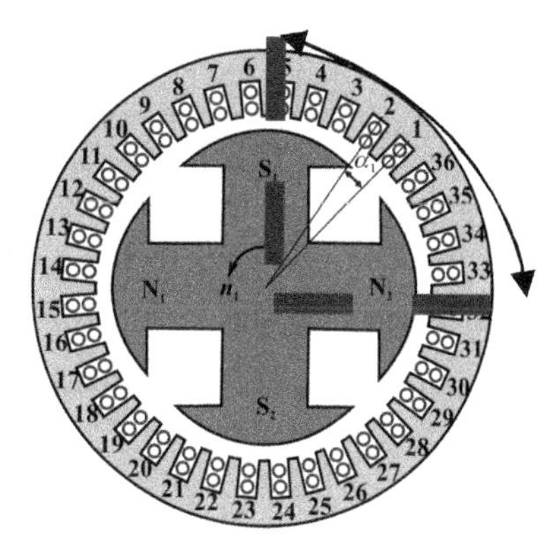

图4-3-2　极距示意图

4）极距τ

极距示意图如图4-3-2所示。

每个磁极沿定子铁心内圆所占的范围称为极距。极距用τ表示。

$$\tau=\frac{Z_1}{2p} \tag{4-3-2}$$

式中　Z_1——定子铁心槽数；

p——磁极对数。

5）节距y

一个线圈的两个有效边所跨定子内圆上的距离称为节距，如图4-3-3所示。

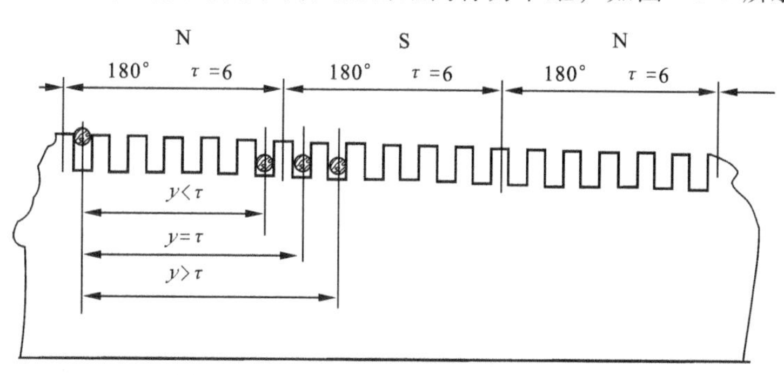

图4-3-3　整距、短距、长距线圈的概念

一般节距y用槽数表示。当$y=\tau$时，称为整距绕组，当$y>\tau$时，称为短距绕组，当$y<\tau$时，称为长距绕组。长距绕组端部较长，费铜料，故较少采用。

6）槽距角α

相邻两槽之间的电角度称为槽距角，槽距角α用下式表示

$$\alpha=\frac{p\times360°}{Z_1} \tag{4-3-3}$$

槽距角α的大小即表示了两相邻槽的空间电角度，也反映了两相邻槽中导体感应电动势在时间上的相位移。

7）每极每相槽数q

每一个极下每相所占有的槽数称为每极每相槽数，如图4-3-4所示，以q表示。

$$q = \frac{Z_1}{2m_1p} \tag{4-3-4}$$

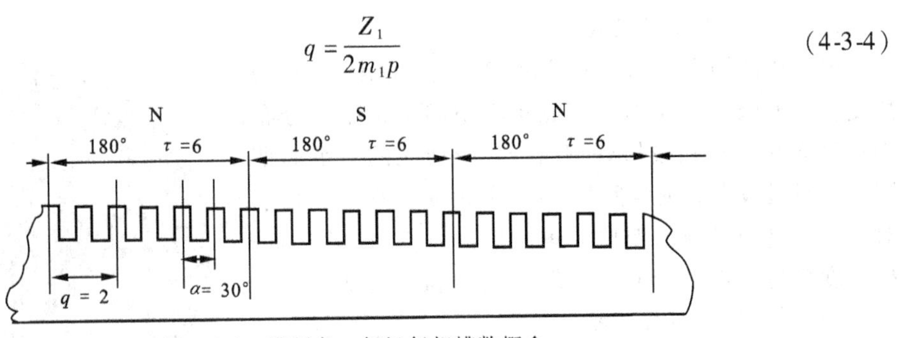

图 4-3-4 槽距角、每极每相槽数概念

3. 三相定子绕组的分布与连接

三相定子绕组的分布要遵循一定规律，连接同样如此，这样三相电动机定子绕组在空间上才能形成 120°的电气角度分布。为此要求定子绕组在分布与连接时遵循以下原则：

① 各项绕组在每个磁极下应均匀分布，以达到磁场的对称。为此，先将定子槽数按照极数均分，每一个等分代表 180°电角度，再把每极下的槽数分为三个区段（即相带），每个相带占 60°电角度（称为分相）。

② 各相绕组的电源引出线应彼此相隔 120°电角度。

③ 同一相绕组的各个有效边在同性磁极下的电流方向应相同，而在异性磁极下方向相反。

④ 同相线圈之间的连接应顺着电流方向进行。

⑤ 为了节省用铜量，线圈的端部接线部分长度应尽量短。

4. 三相单层绕组

单层绕组在每一个槽内只安放一个线圈边，所以三相绕组的总线圈数等于定子槽数的一半。现以 $Z_1=24$，要求绕成 $2p=4$，$m_1=3$ 的单层绕组为例，说明三相单层绕组的排列和连接的规律。

1）划分相带

在图 4-3-5 的平面上画 24 条垂直线表示定子 $Z_1=24$ 个槽和槽中的线圈边，并且按 1，2，…顺序编号。据 $q=2$，即相邻两个槽组成一个相带（每个极距内属于同相的槽所占有的区域），两对磁极共有 12 个相带。每对磁极按 U_1，W_2，V_1（N 极）、U_2，W_1，V_2（S 极）顺序给相带命名，划分相带实际上是给定子上每个槽划分相属，如属于 U 相绕组的槽号有 1，2，7，8，13，14，19，20 这 8 个槽。

2）画绕组展开图

（1）链式绕组

先画 U 相绕组。如图 4-3-5 所示，从同属于 U 相槽的 2 号槽开始，根据 $y=\tau-1=5$，把 2 号槽的线圈边和 7 号槽的线圈边组成一个线圈，8 号和 13 号，14 号和 19 号，20 号和 1 号，共组成 4 个线圈，把这些同一极相的 $2p=4$ 个线圈串联成一个 U_1U_2 线圈组，构成 U 相绕组。各线圈之间的连线按同一相的相邻的线圈边电流应反相的原则，连成一路串联，其规律是线圈的“尾连尾，头连头”，因此称一相绕组为链式绕组。链式绕组为等距元件，而且每个线圈跨距小，端部短，可以省铜，还有 $q=2$ 的两个线圈各朝两边翻，散热好。

对于三相绕组，同上可以画出分别与U相相差120°的V相（从6号槽开始）相差240°的W相（从10号槽开始）的绕组展开图，从而得到三相对称绕组U_1U_2，V_1V_2，W_1W_2。然后根据铭牌要求，将线引至接线盒上连接成Y或D。

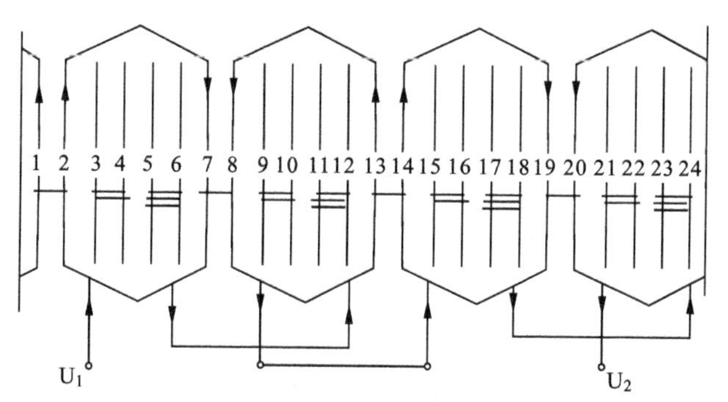

图4-3-5　三相单层链式（$2P=4$ $q=2$）U相绕组展开图

（2）交叉式绕组

设$q=3$（如$Z_1=36$，$2p=4$，$m_1=3$），其连接规律是把$q=3$的三个线圈分成$y=\tau-1$的两个大线圈和$y=\tau-2$的一个小线圈各朝两面翻，因此一相绕组就按“两大一小”顺序交错排列，故称之为交叉式绕组。端部连线较短，散热好，因此，$p\geqslant2$，$q=3$的单层绕组常用交叉式绕组，如图4-3-6所示。

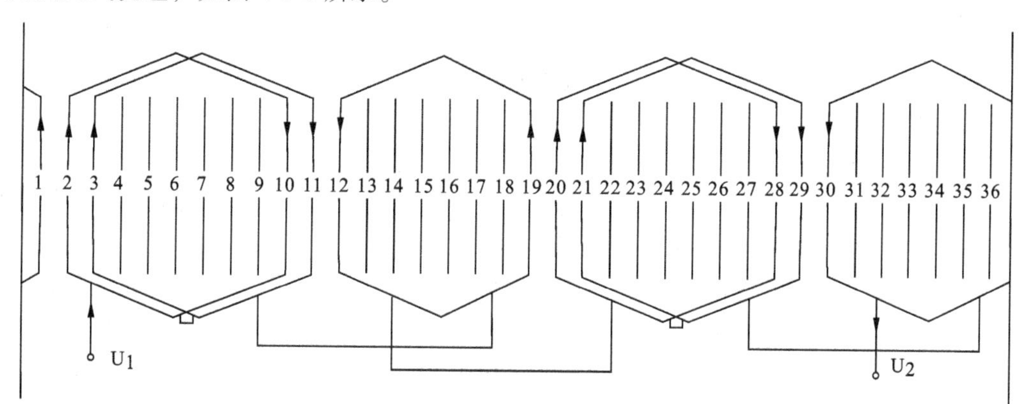

图4-3-6　三相单层交叉式绕组U相绕组展开图

（3）同心式绕组

设$q=4$（如$Z_1=24$，$2p=2$，$m_1=3$）在$p=1$时，同心式绕组嵌线较方便，因此，$P=1$的单层绕组常采用同心式绕组，如图4-3-7所示。

单层绕组的优点是每槽只有一个线圈边，嵌线方便，槽利用率高，而且链式或交叉式绕组的线圈端部也较短，可以省铜。但是从电磁观点来看，其等效节距仍然是整距的，不可能用绕组的短距来改善感应电动势及磁场的波形。因而其电磁性能较差，一般只能适用于中心高160mm以下的小型异步电动机。

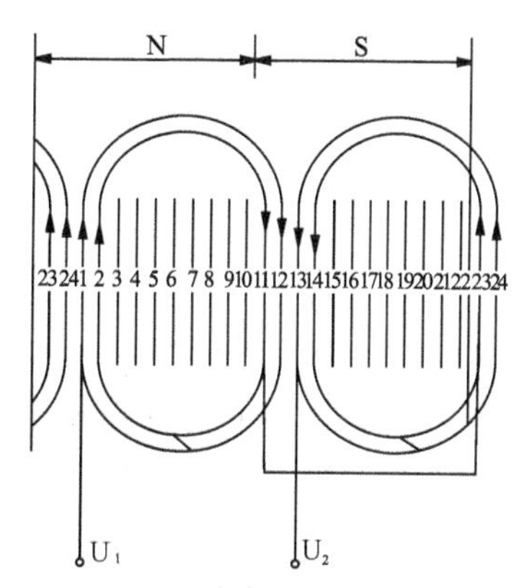

图4-3-7　三相单层同心式绕组U相绕组展开图

5. 三相双层绕组

双层绕组是铁心的每个线槽中分上、下两层嵌放两条线圈边的绕组。为了使各线圈分布对称，安排嵌线时一般某个线圈的一条边如在上层，另一条则一定在下层。以叠绕组为例，这种绕组的线圈用一绕线模绕制，线圈端部逐个相叠，均匀分布，故称“叠绕组”。为使绕组产生的磁场分布尽量接近正弦分布，一般取线圈节距等于极距的左右，这种 $y<\tau$ 的绕组叫短距绕组。这种绕组可使电动机工作性能得到改善，线圈绕制也方便，目前 10kW 以上的电动机，几乎都采用双层短距叠绕组。现以 4 极限 24 槽三相电动机为例，讨论三相双层叠绕组的排列和连接的规律。

（1）计算绕组数据

$$\tau=\frac{24}{4}=6,\ q=\frac{24}{3\times4}=2,\ y=\frac{5\tau}{6}=5$$

即为短距绕组。若 y 不为整数，则应当取整数，但 y 小于 τ。

（2）划分相带

画 24 对虚实线代表 24 对有效边（实线代表上层边，虚线代表下层边）并按顺序编号；根据每个相带有 $q=2$ 个槽来划分，两对极共得到 12 个相带。需要指出的是，对于双层绕组，每槽的上下层线圈边可能属于同一相的两个不同线圈，也可能属于不同相的，相带划分并非表示每个槽的相属，而是每个槽的上层边相属关系，即划分的相带是对上层边而言。例如，13 号槽是属于 U_1 相带的，仅表示 13 号槽上层边，对应的下层边放在哪一个槽的下层，则由节距 y 来决定，相带划分无关。属于 U 相绕组的上层边槽号是 1，2，7，8，13，14，19，20。

（3）画绕组展开图

先画 U 相绕组。如图 4-3-8 所示，从 1、2 号槽的上层边（用实线表示）开始，根据 $y=5$ 槽，可知组成对应线圈的另一边分别 6，7 号槽的下层（用虚线表示），将此属于同一个 U 相的相邻的 $q=2$ 个线圈串联起来组成一个线圈组 U_1U_2。

由图 4-3-5 可见，7，8 号槽的上层边与对应的 12，13 号槽的下层边也串联成属于 U 相的另一个线圈组为 $U_{11}U_{12}$。同理，由 13，14 槽的上层边与对应的 18，19 槽的下层边。19，20 槽的上层边与对应的 24，1 号槽的下层边可得 U 相的另两个线圈组为 $U_{13}U_{23}$和 $U_{14}U_{24}$，此例两对磁极电机的每相共有 $4=2p$ 个线圈组。由此可知，双层叠绕组每相共有 $2p$ 个线圈组。

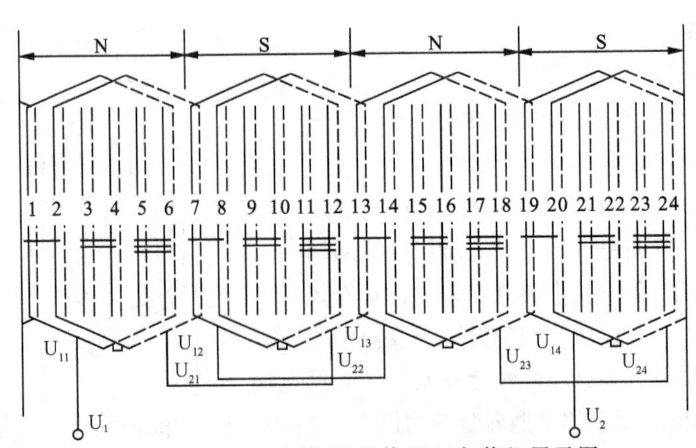

图 4-3-8　三相双层短距叠绕组 U 相绕组展示图

此例的4个线圈组完全对称，可并可串。串并联的原则是同一相的相邻极下的线圈边电流应反相，以形成规定的磁场极数。这4个线圈组可并可串，得到的并联支路数可以为 $a=1$，$a=2$，$a_{max}=1=2p=4$。同理可画出V，W相绕组展开图，然后再连接成Y或△而得到三相对称的双层叠绕组。

技能与方法

【想一想】:

试想在 $q=1$、$q=2$、$q=3$、$q=4$ 及 $p=1$、$p=2$、$p=3$ 等不同值时与绕组展开图画法之间的关系是什么？在什么情况下采用链式画法？什么情况下采用同心式画法？什么情况下采用交叉式画法？

1. 单向单层绕组的种类

根据连接方式可以分为单向叠式单层绕组、同心式和链式单层绕组。

2. 双向单层绕组的分类

① 当 $q=2$ 时，两个方向都只能形成一个线圈，因而在两个方向上叠式和同心式都可以。这可看作是一个特例，可称为单圈。单圈双向式单层绕组，或最简双向单层绕组。最简双向单层绕组为教科书中的链式绕组，因为每一组线圈都只有一个线圈，就像一个链条中的一环，整个相绕组就像一条链。链式绕组有一个特点，即节距恒为奇数。

② 当 $q=3$ 时，两个方向分别形成一个和两个线圈，其中形成的两个线圈一般采取叠式连接，该绕组可称为双圈叠绕。单圈双向单层绕组。这就是交叉式单层绕组，因为两个方向上的线圈节距不相等，整个相绕组的线圈呈大小交叉式分布。

③ 当 $q=4$ 时，两个方向均形成两个线圈，每一方向上的两个线圈一般都采取同心式连接，该绕组可称为双圈同心。双圈同心双向单层绕组。

④ 当 $q=5$ 时，两个方向分别形成两个和三个线圈，它们均可以采取叠式、同心式连接。根据所采取连接方式的不同，可以得到不同类型的单层绕组。可见，通过单向双向的变化，叠式和同心式的变化，q 的变化，可以演绎出单层绕组所有的连接方式。根据生产实际可以从中挑选出符合要求的连接方式。

【练一练】:

1. 判断电动机出线端的组别

1）同一个绕组的判断

（1）方法一：导通法

万用表拨到电阻 $R\times1\text{k}\Omega$ 挡，一支表笔接电动机一根出线，另一支表笔分别接其余出线，测得有阻值时两表笔所接的出线即是同一绕组。用同样方法可区分其余出线的组别，判断后做好标记。

（2）方法二：电压表法

将小量程电压表一端接电动机一根出线，另一端分别接其余出线，同时转动电动机轴。当表针摆动时，电压表所接的两根出线属同一绕组。用同样方法可区分其余出线的组别，判断后做好标记。

用万用表的电压 1V 挡代替电压表也可以进行判断。但应注意，必须缓慢转动电动机轴，防止指针大幅度反打损坏表头。

2）电动机绕组首末端判断

（1）方法一：绕组串联示灯法

按图 4-3-9 接线，具体操作步骤如下：

① 将调压器次级输出电压调到 36V 后断开初级电源，将电动机任一相绕组的两根出线接到调压器次级输出端子上。

② 将电动机其余两相绕组的出线各取一根短接好，另外两根出线接指示灯。

③ 接通调压器初级电源后观察指示灯。灯亮时，表明短接的两根出线为电动机两相绕组的异名端（即一首一尾）；灯不亮则表明短接的两线为两相绕组的同名端（即同为首或尾）。用同样的方法可判断另一相首末端。

注意： 接得电源前应仔细检查接线，防止短路事故。观察指示灯亮（或暗）后立即切断电源，避免电动机绕组和调压器绕组过热。

（2）方法二：绕组串联电压表法

按图 4-3-10 接线，与示灯法的区别是用交流电压表代替示灯。操作步骤与方法一相同。当电压表有显示时，接表的两根出线为电动机两相绕组的异名端。如无电压表，可用万用表交流 50V 挡代替。

（3）方法三：电流表法

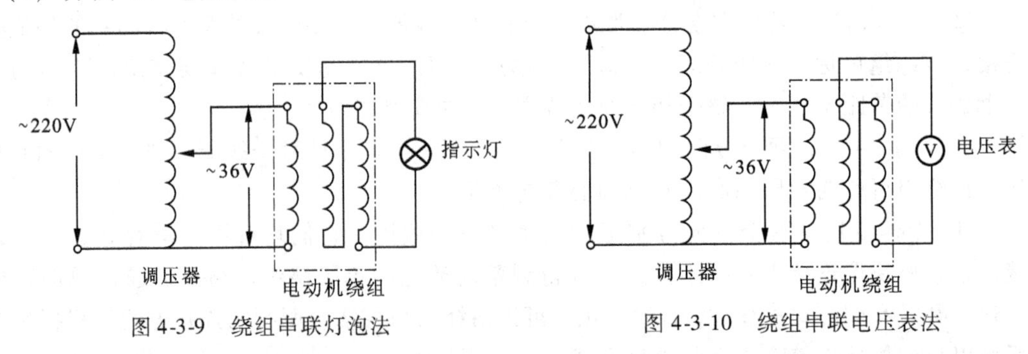

图 4-3-9　绕组串联灯泡法　　图 4-3-10　绕组串联电压表法

按照图 4-3-11 接线，具体操作步骤如下：

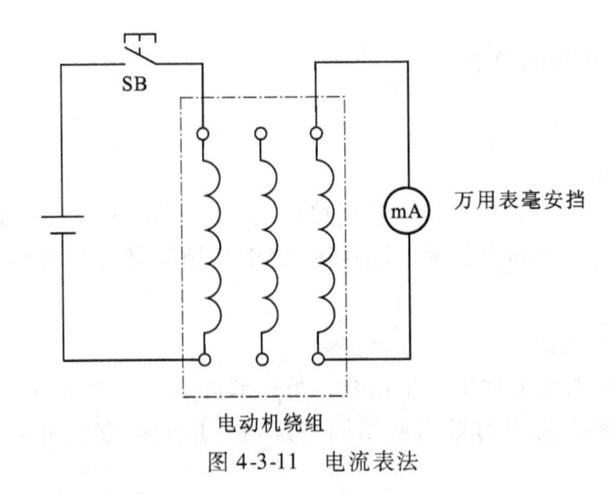

图 4-3-11　电流表法

① 将电动机任一绕组的两根出线通过一只常开按钮接到电池两端。

② 将万用表拨到直流 0.5mA 挡，两支表笔接其余任意一相绕组的两出线。

③ 注意观察表头，按下按钮时，如表针正向摆动，表明电池正极和万用表黑表笔所接的出线为电动机两相绕组的同名端；若表针反向摆动，则表明电池正极与红表笔所接的出线为两相绕组的同名端。判断后做好标记

（4）方法四：万用表法

用万用表检查绕组的首、尾端可参见 4-3-12 图进行接线，用万用表的毫安挡测试。转动电动机的转子，如表的指针不动，说明三相绕组是首首相连，尾尾相连。如指针摆动，可将任一相绕组引出线首尾位置调换后再试，直到表针不动为止。

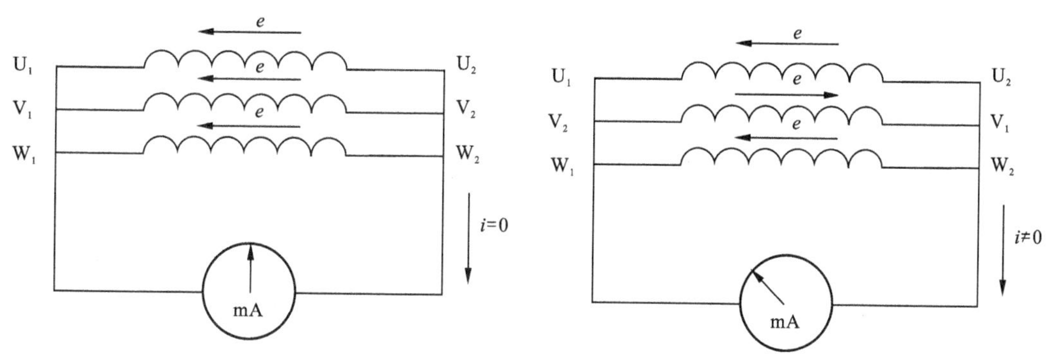

图 4-3-12　万用表法

2. 定子绕组的测定

定子绕组测定项目及方法如表 4-3-1 所示。

表 4-3-1　定子绕组测定项目及方法

定子绕组的测定			
绕组是否有接地	绕组是否有短路	绕组是否有断路	绕组是否有接错或嵌反
① 观察法 ② 灯泡检查法 ③ 万用表或兆欧表发	① 万用表及兆欧表法 ② 电流表法 ③ 电阻检查法 ④ 短路侦察器法 ⑤ 匝间绝缘试验仪检查法	① 万用表或兆欧表法 ② 灯泡检查法 ③ 电压表法	① 滚珠检查法 ② 指南针检查法 ③ 干电池检查法

注意： 首先应该测试的是电动机组别，在此基础上再利用相应的方法判断出首尾端。

①针对不同的绕组故障合理选用测试方法。②工具的正确选用是测试顺利进行的保障。③团结协作是高效率的前提④实训结束进行 6S 整理。

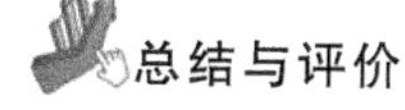

总结与评价

理论知识部分主要通过学生口头报告、作业形式进行小组评价或教师评价。实操技能部分，一方面要对学生在实操中各个环节运用的有关方法、掌握技能的水平进行定性评价，另一方面还要对学生的实践操作结果进行抽样测量、检查，给予最终定量评价，如表 4-3-2 所示。

表 4-3-2 项目记录评价表

评价项目	项目评价内容		分值	自我评价	小组评价	教师评价	得分
理论知识	了解并熟悉绕组的基本知识		5				
	熟悉绕组的操作规程		5				
	熟悉绕组接线方法		5				
	熟悉绕组连接原理		5				
实操技能	学会正确选用接线工具		5				
	学会单项交叉绕组的制作		5				
	学会正确连接电动机的出线端		5				
	掌握电动机绕组首末端判断方法		5				
安全文明生产	学会正确填写记录表格		5				
	工具、量具的正确使用		5				
	遵守操作规程或实训室实习规程		5				
	工具、量具的正确摆放与用后完好性		5				
	实训室安全用电		10				
学习态度	6S 整理		5				
	出勤情况		5				
	车间纪律		5				
	小组合作情况（团队协作）		5				
个人学习总结	成功之处						
	不足之处						
	改进措施						

思考与练习

1. 判断题

（1）电角度 $=P\times$ 机械角度。（　　）

（2）一般节距 y 用槽数表示。当 $y=\tau$ 时，称为整距绕组，当 $y<\tau$ 时，称为短距绕组，当 $y>\tau$ 时，称为长距绕组。长距绕组端部较长，费铜料，故较少采用。（　　）

（3）各相绕组的电源引出线应彼此相隔60°电角度。（　　）

（4）单层绕组不可能用绕组的短距来改善感应电动势及磁场的波形。因而其电磁性能较差，一般只能适用于中心高 160mm 以下的小型异步电动机。（　　）

（5）目前 100kW 以上的电动机，几乎都采用双层短距叠绕组。（　　）

2. 问答题

（1）三相异步电动机对定子绕组的基本要求是什么？

（2）叙述定子绕组的常见分类方法。

（3）什么是电气角度与机械角度？二者之间的关系是什么？

（4）什么是极距？什么是槽距角？什么是每极每相槽数？

（5）三相定子绕组的分布原则是什么？

（6）以 $Z_1=24$，要求绕成 $2p=4$，$m_1=3$ 的单层绕组为例叙述如何划分相带？

（7）三相单层绕组分为哪几种？

（8）画出 $Z=24$（槽）、$m=3$（相）、$2p=4$（极）的单层叠绕组。

（9）在什么情况下采用链式、什么样情况下采用同心式、什么样情况下采用交叉式画法？

（10）电动机绕组首末端判断方法有哪些？

（11）叙述定子绕组测定项目及方法。

（12）画图叙述电动机绕组串联示灯法进行首末端判断的步骤。

项目 5　异步电动机控制线路及其安装

项目引言：

三相交流电动机是非常重要的电力拖动原动机，其在生产实际中的应用主要取决于生产工艺流程及相应的控制电路，对于电动机控制线路的安装与调试是维修电工技术工人的基本技能，图 5-1-1 是一个典型的电动机控制线路接线图。

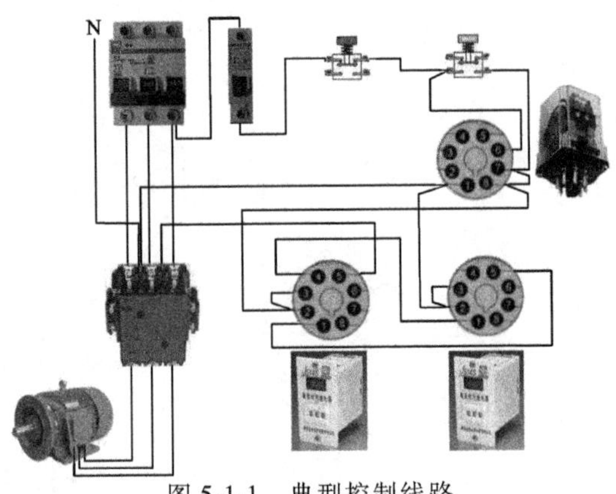

图 5-1-1　典型控制线路

学习目标：

（1）了解并熟悉常用低压电器的用途、外观及符号。

（2）学会并熟悉电气工程图识读的基本知识。

（3）会分析典型控制电路的原理，并根据原理熟悉相应的电动机接线安装。

能力目标：

（1）掌掌握电动机控制线路中低压电器的选型方法。

（2）会熟练接线并掌握正确的方法。

（3）会利用万用表检查线路，排除故障。

任务 1　基本控制电路的识读及电路安装

知识链接

1. 识读电气原理图知识

1）认识常用低压电器

（1）刀开关

刀开关只用于手动控制容量较小、起动不频繁的电动机，可分为瓷底开启式负荷开关和封闭式负荷开关。常见的外形图如图 5-1-2 所示。

图 5-1-2　刀开关外形图

符号如图 5-1-3 所示。

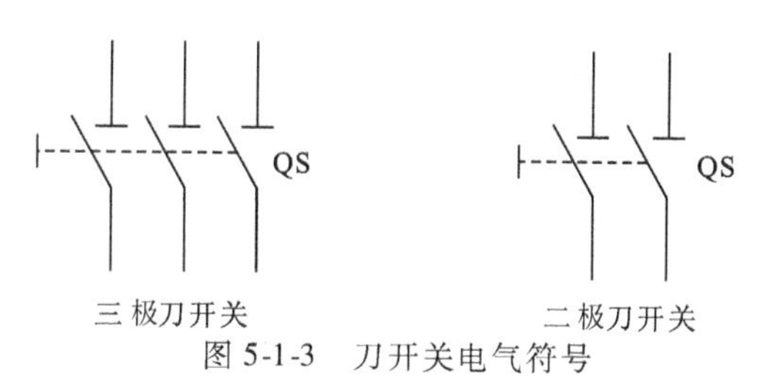

图 5-1-3　刀开关电气符号

（2）低压断路器

低压断路器（又称自动开关）可用来分配电能、不频繁地起动电动机、对供电线路及电动机等进行保护，当它们发生严重的过载或短路及欠压等故障时能自动切断电路。常见的外形图如图 5-1-4 所示。符号如图 5-1-5 所示。

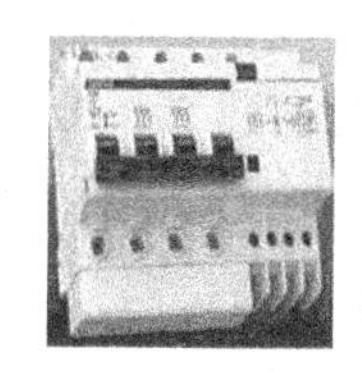

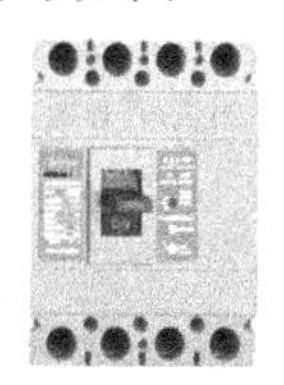

图 5-1-4　低压断路器外形及符号

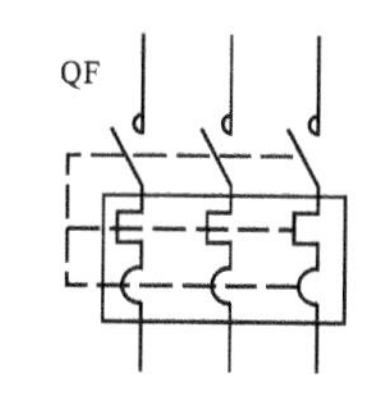

图 5-1-5　低压断路器符号

（3）低压熔断器

熔断器由熔体（熔丝或熔片）和安装熔体的外壳两部分组成，起保护作用的是熔体，其外形结构和图形符号如图 5-1-6 所示。低压熔断器按形状可分为管式、插入式、螺旋式和羊角保险等；按结构可分为半封闭插入式、无填料封闭管式和有填料封闭管式等。

符号如图 5-1-7 所示。

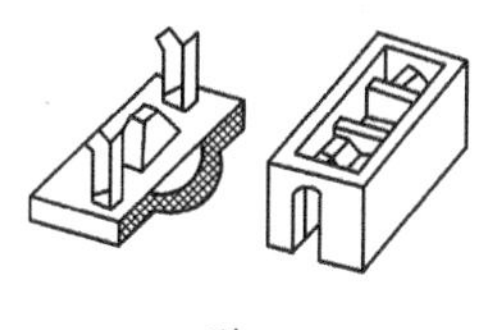

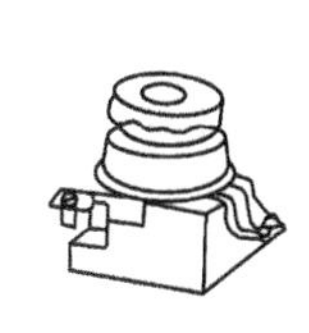

RL型

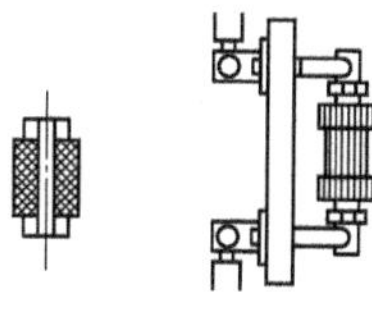

RM型

图 5-1-6　低压熔断器外形结构和图形符号

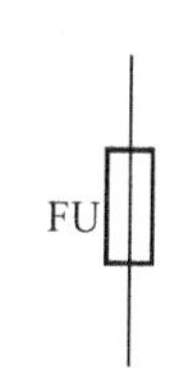

图 5-1-7　熔断器符号

（4）接触器

接触器是一种适用于频繁接通和分断交直流主电路和控制电路的自动控制电器。常见的外形图如图 5-1-8 所示。

交流接触器符号图如图 5-1-9 所示。

图 5-1-8　交流接触器外形图

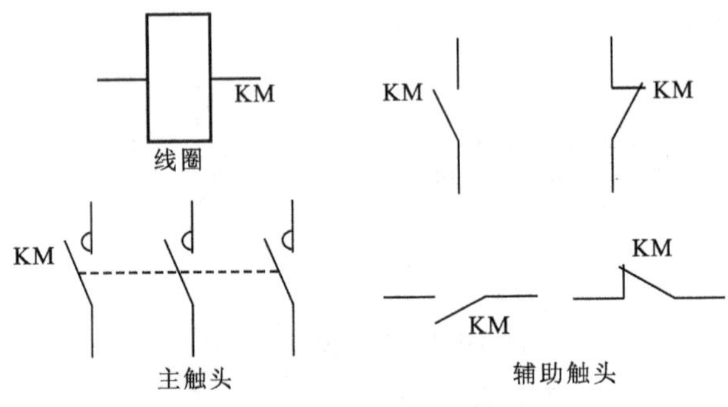

图 5-1-9　交流接触器符号

（5）主令电器

主令电器主要用来切换控制电路，即用它来控制接触器、继电器等电器的线圈得电与失电，从而控制电力拖动系统的起动与停止，以及改变系统的工作状态，如正转与反转等。常用的主令电器有按钮、主令开关、转换开关等。常用的主令按钮的外观如图 5-1-10 所示，按钮符号如图 5-1-11 所示。

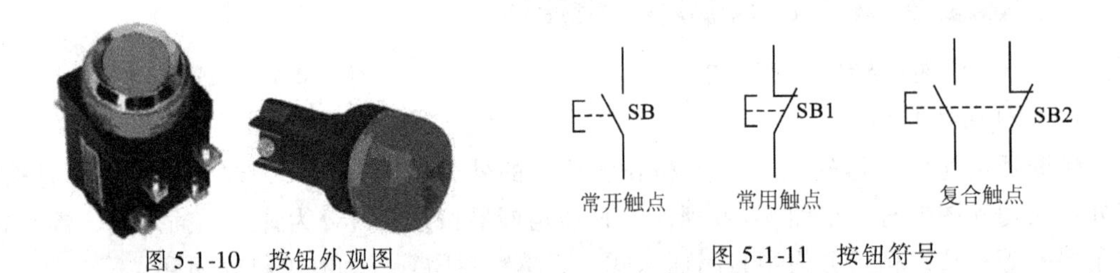

图 5-1-10　按钮外观图　　图 5-1-11　按钮符号

（6）热继电器

热继电器主要由热元件、双金属片和触点三部分组成，主要用于电动机的过载保护。常用热继电器的外形如图 5-1-12 所示，热继电器符号如图 5-1-13 所示。

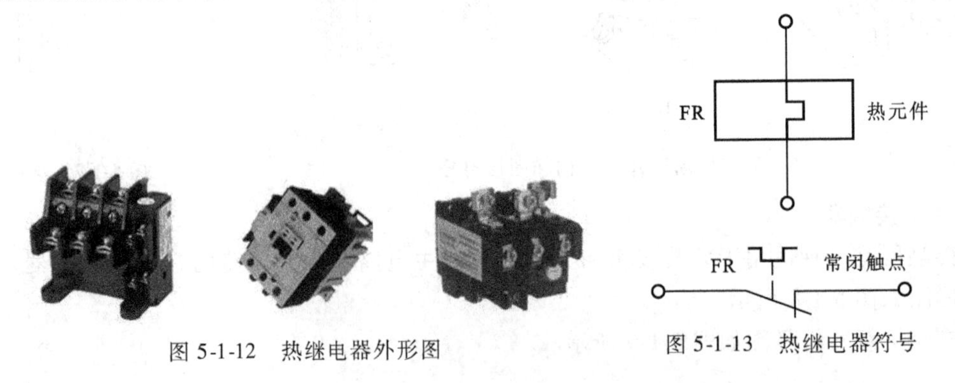

图 5-1-12　热继电器外形图　　图 5-1-13　热继电器符号

（7）时间继电器

时间继电器是电路中控制动作时间的继电器，它是一种利用电磁原理或机械动作原理来实现触点延时接通或断开的控制电器。按其动作原理与构造的不同可分为电磁式、电动式、空气阻尼式和晶体管式等类型。常见时间继电器的外形如图 5-1-14 所示，时间继电器的符号如图 5-1-15 所示。

图 5-1-14　时间继电器外形图

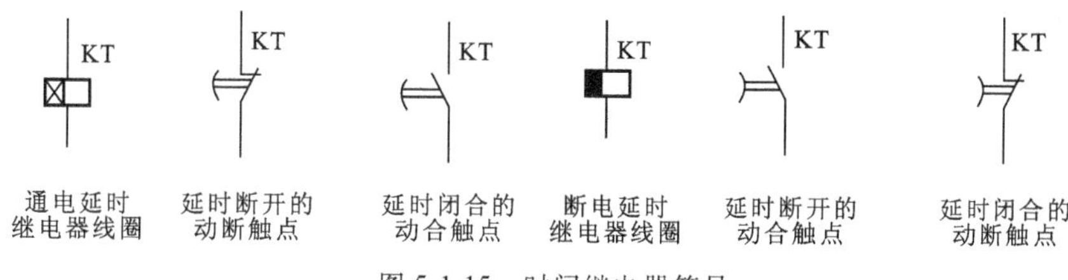

图 5-1-15　时间继电器符号

2）电气工程图及阅读

（1）电气工程图

常用的电气工程图有 3 种：电路图（电气系统图、原理图）、接线图和元件布置图。

① 图形符号和文字符号。

图形符号：由符号要素、限定符号、一般符号以及常用的非电操作控制的动作符号（如机械控制符号等）根据不同的具体器件情况组合构成。

文字符号：用基本文字符号、单字母符号和双字母符号表示电气设备、装置和元器件等的大类。

辅助文字符号：辅助文字符号用来进一步表示电气设备、装置和元器件功能、状态和特征。

② 电路图：用于表达电路、设备、电气控制系统组成部分和连接关系。

电路绘制：电路的绘制一般包括主电路的绘制和控制电路的绘制。主电路是设备的驱动电路，在控制电路的控制下，根据控制要求由电源向用电设备供电。

控制电路由接触器和继电器线圈、各种电器的动合、动断触点组合构成控制逻辑，实现所需要的控制功能。主电路、控制电路和其他的辅助电路、保护电路一起构成电控系统。

元器件绘制：电路图中所有电器元件一般不画出实际的外形图，而采用国家标准规定的图形符号和文字符号表示，同一电器的各个部件可根据需要画在不同的地方，但必须用相同的文字符号标注。

③ 电器元件布置图：主要是表明机械设备上所有电气设备和电器元件的实际位置，是电气控制设备制造、安装和维修必不可少的技术文件。

④ 接线图：主要用于安装接线、线路检查、线路维修和故障处理。它表示了设备电控

系统各单元和各元器件间的接线关系，并标注出所需数据，如接线端子号、连接导线参数等。实际应用中通常与电路图和位置图一起使用。

(2) 电气工程图的阅读

电气原理图阅读分析的步骤：

① 分析主电路。从主电路入手，根据每台电动机和执行电器的控制要求去分析它们的控制内容。控制内容包括起动、转向控制、调速、制动等。

② 分析控制电路。根据主电路中各电动机和执行电器的控制要求，逐一找出控制电路中的控制环节，利用前面学过的典型控制环节的知识，按功能不同将控制线路“化整为零”来分析。分析控制线路最基本的方法是" 查线读图法"。

③ 分析辅助电路。辅助电路包括电源指示、各执行元件的工作状态显示、参数测定、照明和故障报警等部分，它们大多是由控制电路中的元件来控制的，所以在分析辅助电路时，还要回过头来对照控制电路进行分析。

④ 分析联锁及保护环节。机床对于安全性及可靠性有很高的要求，实现这些要求，除了合理地选择拖动和控制方案外，还在控制线路中设置了一系列电气保护和必要的电气联锁。

⑤ 总体检查。

“查线读图法”是分析电气原理图的最基本的方法，其应用也最广泛。

电气原理图阅读分析的方法：

① 认识符号。

② 熟悉控制设备的动作情况及触头状态。

③ 弄清控制目的和控制方法。

④ 按操作后的动作流程来分析动作过程。

⑤ 假设故障分析现象。

3) 典型控制电路的认识

① 点动与连续转动控制电路（见图 5-1-16）的特点是利用 SB1 和 SB2 两个按钮实现电动机的点动控制与连续控制。其中 SB2 实现的是点动控制，SB1 实现的是连续控制。

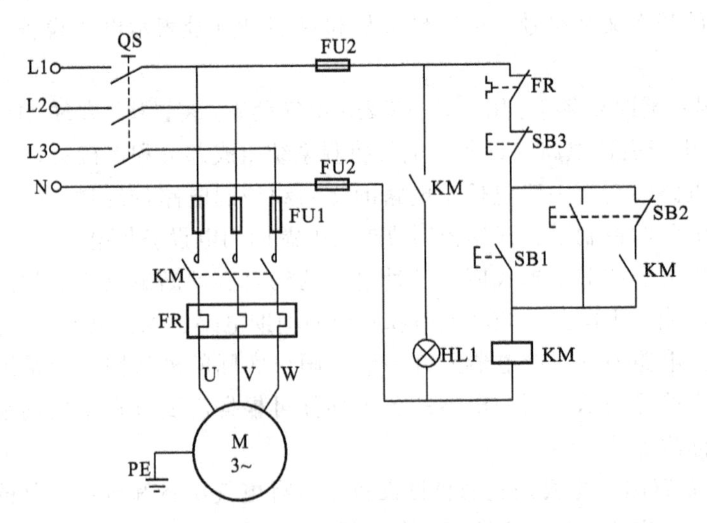

图 5-1-16　点动与连续转动控制电路

② 按钮联锁的正、反转控制线路，如图 5-1-17 所示。

正反转控制是典型的控制电路，在实际生产中应用较为广泛，正反转用 KM1、KM2 两个接触器，通过改变电动机的相序实现。为了避免电动机误操作造成电路短路事故，采用正反转回路按钮连锁控制，即按下 SB1 电动机正转，按下 SB2 电动机反转，避免了 KM1 和 KM2 主触头同时闭合，造成相间短路事故。

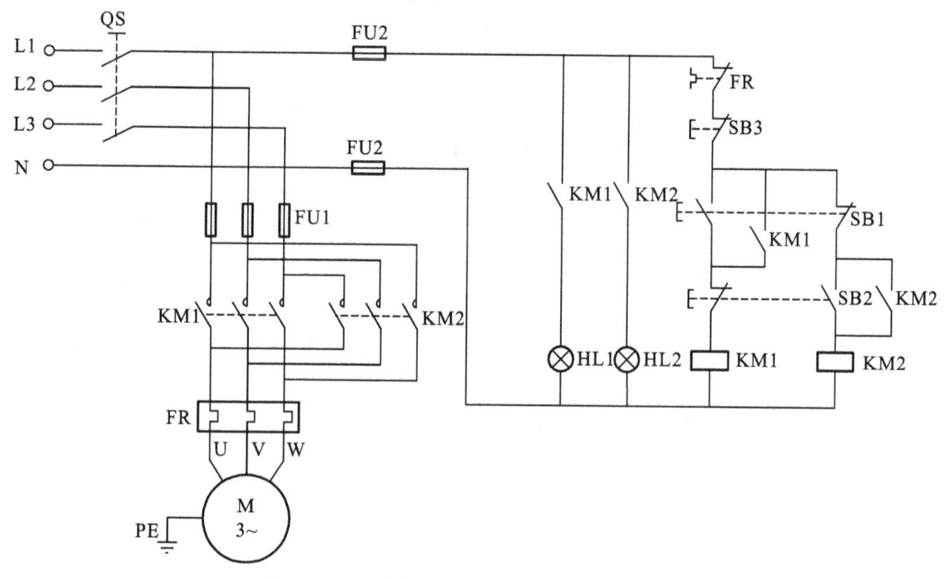

图 5-1-17　按钮联锁的正、反转控制线路

③ 接触器正反转控制电路，如图 5-1-18 所示。

工作原理与图 5-1-17 相同，电气连锁采用接触器实现，即在对方接触器线圈回路串接本方接触器常闭触点实现。如 KM1 线圈回路串联 KM2 常闭触点，KM2 线圈回路串联 KM1 常开触点。

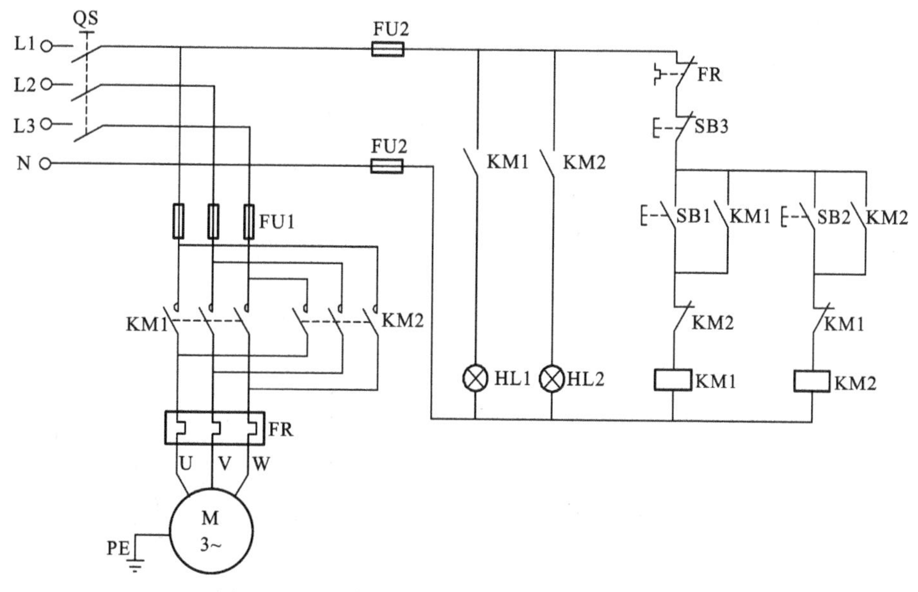

图 5-1-18　接触器联锁电动机正、反转控制线路

④ 电动机半波整流能耗制动控制线路，如图 5-1-19 所示。

利用二极管 VT 实现半波整流，在电动机要实现能耗制动时，通过按下按钮 SB1 切断 KM1 线圈回路的电源，实现主回路断开三相交流电，同时接通 KM2 线圈回路，在主回路中接入二极管半波整流电路，实现能耗制动。

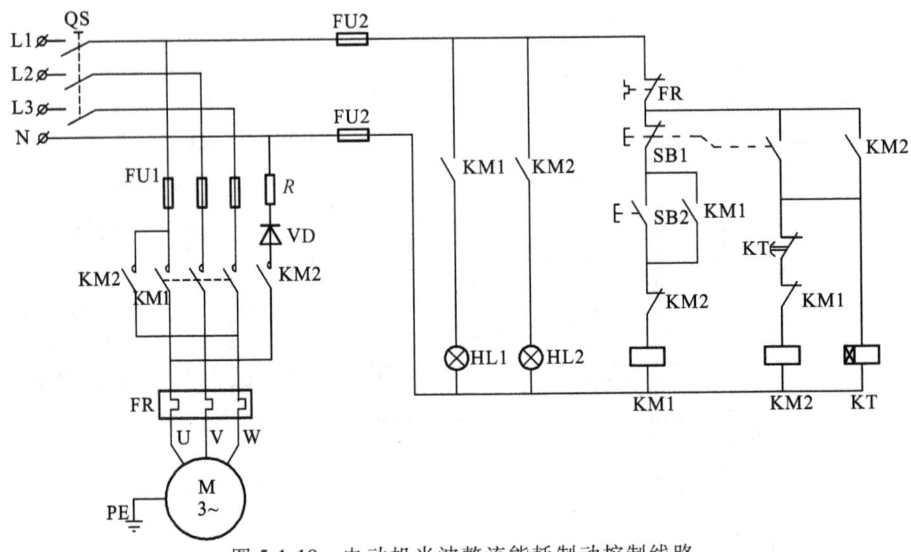

图 5-1-19　电动机半波整流能耗制动控制线路

2. 电动机的降压控制线路的识读

对于因直接起动冲击电流过大而无法承受的场合，通常采用降压起动，此时，起动转矩下降，起动电流也下降，只适合必须减小起动电流，又对起动转矩要求不高的场合。常见降压起动方法：定子串电阻降压起动、Y/△起动控制线路、延边三角起动、自耦变压器降压起动。

① 转子串电阻的降压起动电路，如图 5-1-20 所示。

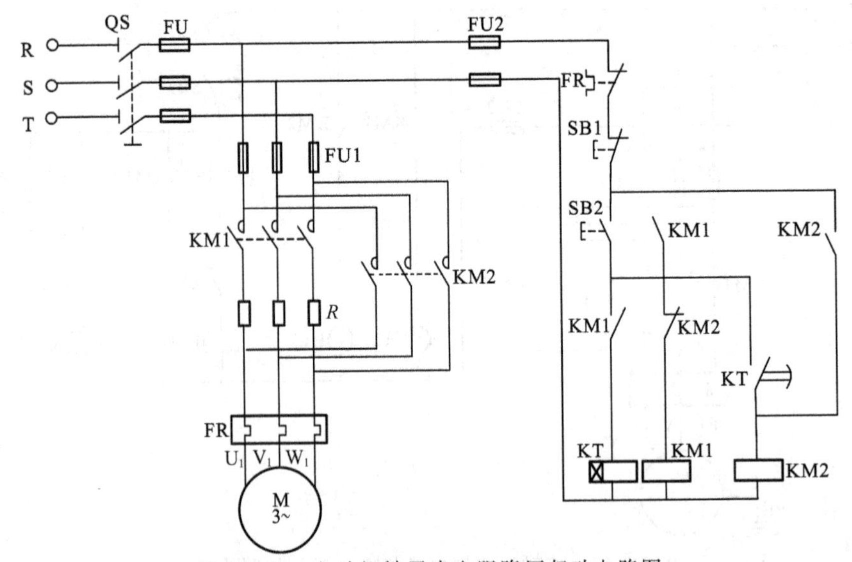

图 5-1-20　电动机转子串电阻降压起动电路图

正常起动时，KM1 接通主电路，三相电动机转子串电阻起动，电阻的串入实现了分压限流作用，当电动机转速接近额定转速时，KM2 短接起动电阻、电动机全压运行，这里 KM1 和 KM2 的换接是靠时间继电器 KT 实现。

② Y/△降压起动电路，如图 5-1-21 所示。

KM1、KM3 主触头接通时为 Y 形接线方式，KM1、KM2 主触头接通时为△接线方式。电动机起动时采用 Y 形接线，起动电压降低为额定电压的 $1/\sqrt{3}$，电流减少为额定电流的 1/3。当电动机转速接近额定转速时，切换为△运行。电路的切换通过 KT 时间继电器实现。

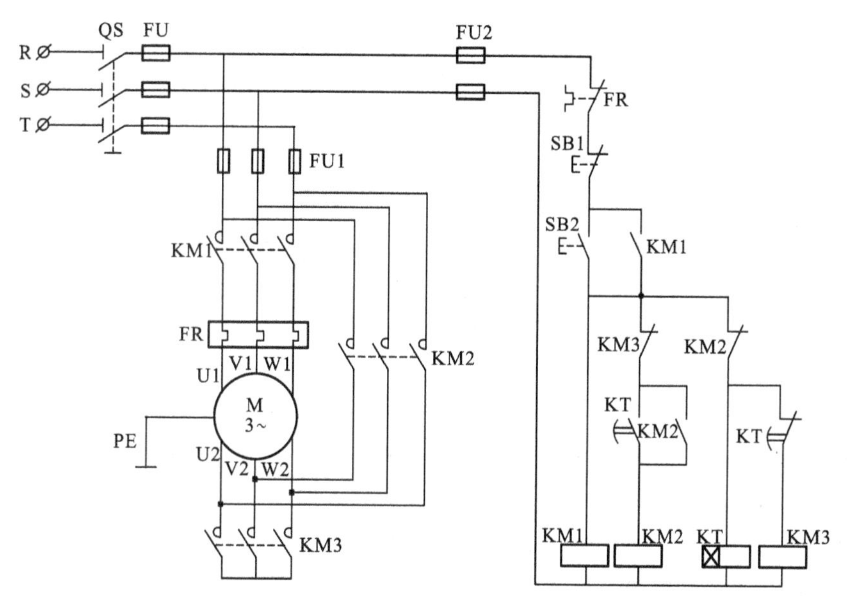

图 5-1-21　Y/△降压起动电路图

③ 自耦补偿降压起动电路，如图 5-1-22 所示。

KM1 实现自耦变压器的接入，当电动机的转速接近额定转速时，KM2 短接自耦变压器，电动机全压运行。

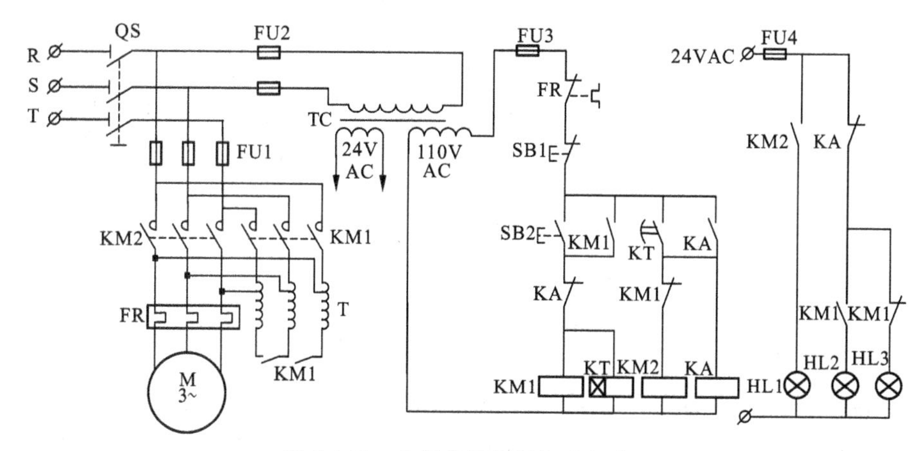

图 5-1-22　自耦补偿降压起动电路图

技能与方法

【想一想】:

Y/△降压起动控制电路应用在什么样的情况下，起动过程中电压、电流如何变化？该电路在安装过程中要用到哪些材料？

技能训练所需器材如表 5-1-1 所示。

表 5-1-1 技能训练所需器材

代 号	名 称	型 号 规 格	数 量
QS	三相漏电开关	DZ47LE—32	1 个
FU1	熔断器	RL1-15	3 个
FU2	3P 熔断器	RT18-32	1 个
SB1、SB3	按钮	LA19-11	2 个
KMY、KM△、KM	交流接触器	CJ20-10	220V
KT	时间继电器	JS7-2A	220V
M	三相交流异步电动机		1 台
FR	热继电器	JR36-20/0. 3 ~0. 5A	1 个
HL1、HL2、HL3	指示灯	AD11-25/40	3 个
	端子板、线槽、导线		适量

【练一练】:

三相笼型异步电动机 Y/△降压起动控制电路的接线。

① 熟悉原理，在原理图上标注线号，如图 5-1-23 所示。

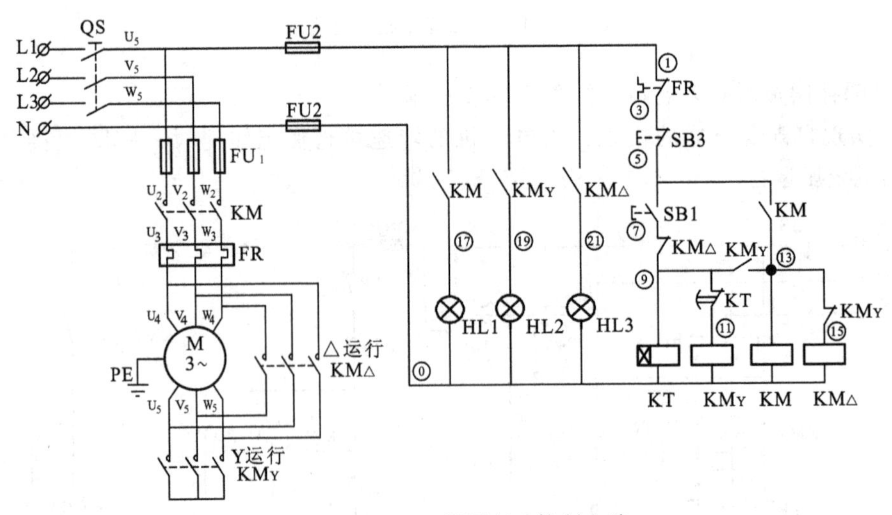

图 5-1-23 Y/△ 降压起动控制电路

② 按图接线。要求：按图 Y/△降压起动转控制电路接线，从刀开关的下端开始自上而下地接线，先接主电路后接控制电路，先串联后并联，先控制点后保护点的接线规律连接，最后接电源进线。

③ 自查电路。完成接线安装必须进行检查工作，首先检查有无绝缘层压入接线端子，再检查裸露的导线线心是否超过规定，最后检查所有导线与接线端子的接触情况。用手摇动、拉拔接线端子上的导线，不允许有松脱。接着用万用表R×10或R×100挡检查线路通断。取控制电路的两只熔断器为测量点，先检查有无短路。然后按下起动按钮，万用表指示的电阻值为接触器电磁线圈的直流电阻，表示控制电路在按下起动按钮时接通；然后按下接触器的动触点，万用表指示的电阻值为接触器电磁线圈的直流电阻，表示控制电路能自锁；按下起动按钮万用表指针偏转时再按下停止按钮，万用表指针回到"∞"位置，表示停止按钮能断开控制电路（检查完毕并确保电路无误后才能进行的得电）。

④ 通电试车。经检查接线正确，一定要在老师的监护下才能通电试车。

注意：①注意安全。②在指导教师允许下得电。③按操作过程逐步完成试验④辅助电路连接完成后，电路中所有电器的金属外壳必须装接地线。⑤在安装过程中要注意时间继电器的型号是得电延时还是断电延时。⑥时间继电器时间的整定非常关键，要学会调整。⑦接线完成后，仔细检查电路有无漏接、短接、错接以及接线端的接触是否良好。⑧实训完毕进行6S整理。

总结与评价

理论知识部分主要通过学生口头报告、作业形式进行小组评价或教师评价。实操技能部分，一方面要对学生在实操中各个环节运用的有关方法、掌握技能的水平进行定性评价，另一方面还要对学生的实践操作结果进行抽样测量、检查，给予最终定量评价，如表5-1-2所示。

表5-1-2 项目评价记录表

评价项目	项目评价内容	分 值	自我评价	小组评价	教师评价	得分
理论知识	了解常用低压电器的用途、外观及符号	5				
	学会电气工程图的识读与绘制	5				
	了解电气元器件的绘制原则	5				
	熟悉典型控制电路并学会分析原理	5				
	掌握星三角降压起动控制电路的原理	5				
实操技能	星三角安装接线所有材料的选型	5				
	掌握电气安装线路的技巧和方法	10				
	会正确接线	5				
	熟悉并正确使用万用表进行线路检查	5				
	习惯养成	5				
安全文明生产	工量具的正确使用	5				
	遵守操作规程或实训室实习规程	5				
	工具量具的正确摆放与用后完好性	5				
	实训室安全用电	10				
	6S整理	5				

续表

评价项目	项目评价内容		分值	自我评价	小组评价	教师评价	得分
学习态度	出勤情况		5				
	车间纪律		5				
	小组合作情况（团队协作）		5				
个人学习总结	成功之处						
	不足之处						
	改进措施						

思考与练习

1. 填空题

（1）刀开关只用于手动控制容量较小、起动不频繁的电动机，可分为______和______。

（2）低压断路器又称为______可用来分配电能、不频繁地起动电动机、对供电线路及电动机等进行保护，当它们发生______或______及______等故障时能自动切断电路。

（3）热继电器主要由______、______和______三部分组成，主要用于电动机的过载保护。

（4）常用的电气工程图有______、______和______三种。

（5）常用的时间继电器按照接点接通的动作规律分为______、______两种。

（6）电路的绘制一般包括______的绘制和______的绘制。______、______和______、______一起构成电控系统。

（7）电路图中所有电器元件一般不画出实际的外形图，而采用国家标准规定的______和______表示，同一电器的各个部件可根据需要画在不同的地方，但必须用相同的______标注。

（8）电气原理图阅读分析的方法包括______、______、______、______和______五步。

（9）交流异步电动机常用降压起动方法有______、______、______、______四种。

（10）完成接线安装必须进行检查工作，首先检查______，再检查______，最后检查______。用手摇动、拉拔接线端子上的导线，不允许有松脱。接着用万用表______或______挡检查线路通断。

2. 问答题

（1）空气断路器的作用是什么？

（2）哪个低压电器用来进行电动机的过载保护、断相保护及电动机的单相运行保护？

（3）电气工程图包括哪几种？它们之间的关系是什么？

（4）电气元器件绘制的原则是什么？

（5）电气原理图阅读的步骤是什么？

（6）电气安装完毕，如何进行进行检查工作？

（7）降压起动有哪几种方法？星三角降压起动过程中电压与电流如何变化？

（8）分析图5-1-18所示电动机半波整流能耗制动控制线路的工作原理，并指出二极管的作用是什么？

（9）请你叙述安装好的电路如何进行自查？

（10）星三角降压起动电路中，使用的时间继电器是得电延时型的还是断电延时型的？

3. 画图及分析题

（1）列写出图5-1-24所示电路中用到的实训材料清单（名称、数量）。

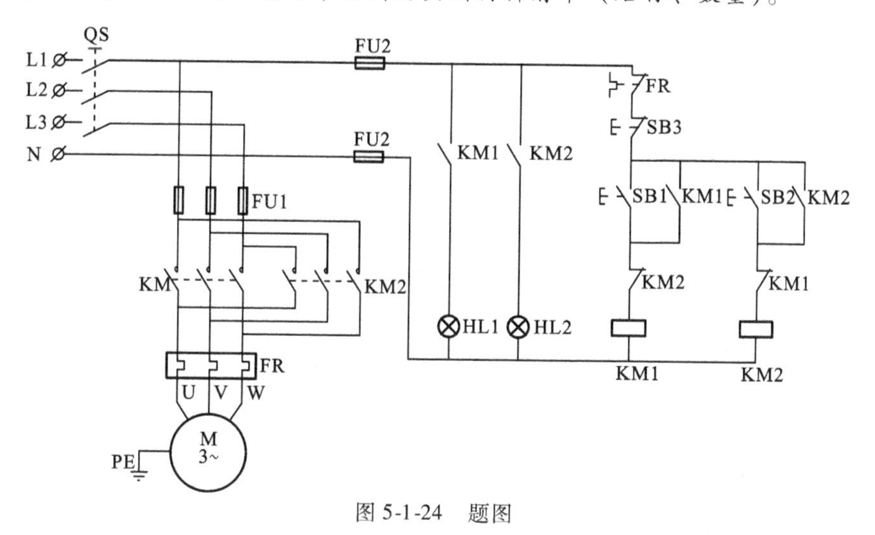

图5-1-24　题图

（2）画出电动机按钮自锁电动机正反转控制电路图。

任务2　调速控制与制动控制电路

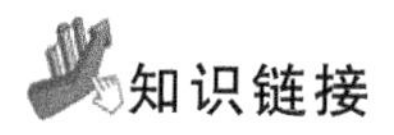

知识链接

1. 三相异步电动机的调速

三相异步电动机的转速公式为：

$$n = n_1 (1-s) = \frac{60f}{p}(1-s)$$

式中　n_1——同步转速；

f——电源频率，单位为Hz；

p——电动机极对数；

s——电动机转差率。

若要改变异步电动机的转速，有三种方法：① 改变电动机的磁极对数 p；② 改变电动机的电源频率 f_1；③ 改变电动机的转差率 s。

1）变极调速

所谓变极调速，就是通过改变电动机定子绕组的接线，改变电动机的磁极对数，从而达到调速的目的。变极调速方法一般适于笼型异步电动机。因为笼型异步电动机转子绕组本身没有固定的极对数，能自动地与定子绕组相适应。

变极调速的电动机往往被称为多极电动机，其定子绕组的接线方式很多，其中常见的一种是角接/双星接，即 D/YY，如图 5-2-1 所示。

由定子绕组展开图知：只要改变一相绕组中一半元件的电流方向即可改变磁极对数。当 $T1$、$T2$、$T3$ 外接三相交流电源，而 $T4$、$T5$、$T6$ 对外断开时，电动机的定子绕组接法为△，极对数为 $2P$，当 $T4$、$T5$、$T6$ 外接三相交流电源，而 $T1$、$T2$、$T3$ 连接在一起时，电动机定子绕组的接法为 YY，极对数为 P，从而实现调速，Δ/YY 变极调速定子绕组的接线方法如图 5-2-2 所示。

其控制电路图如 5-2-3 所示。

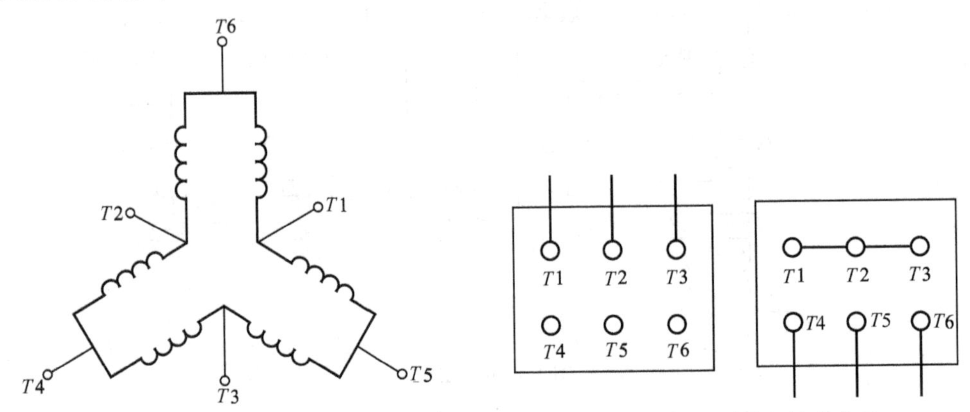

图 5-2-1 D/YY 变级调速接线原理图　　图 5-2-2 定子绕组接线方法

其工作情况为：合上刀开关 QS 后，当 KM3 闭合而 KM1、KM2 断开时，电动机定子绕组为 D 接法，电动机低速起动。当 KM3 断开，而 KM2、KM1 闭合时，电动机的定子绕组接成 YY，电动机高速运行。D/YY 接法的调速方式适用于恒功率负载，其机械特性如图 5-2-4 所示。

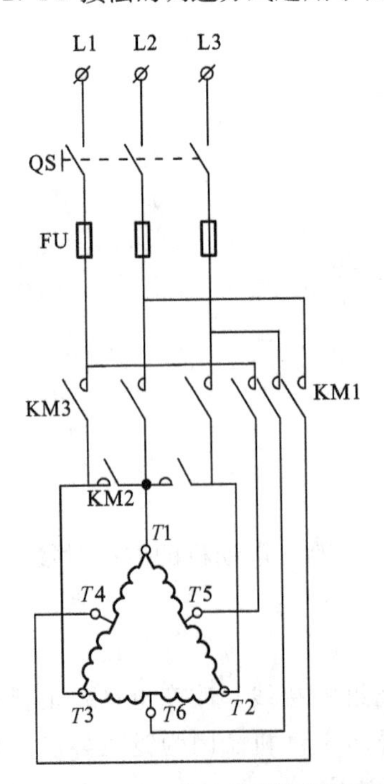

图 5-2-3 D/YY 变极调速控制原理图

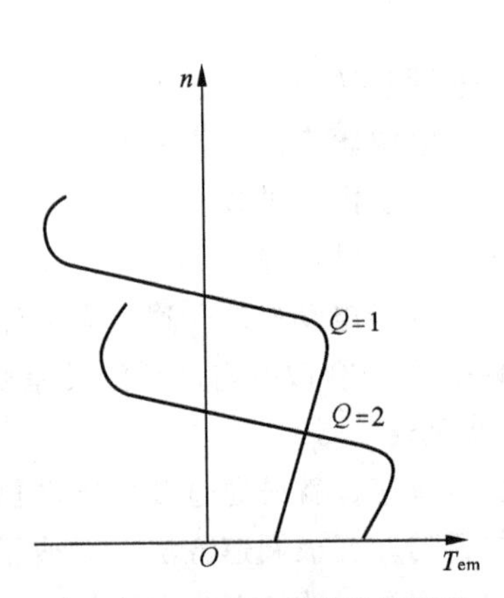

图 5-2-4 恒功率负载机械特性

由机械特性知，变极调速时电动机的转速几乎是成倍的变化，因此调速的平滑性差，但是稳定性较好，特别是低速起动转矩大以及不需要无级调速的生产机械，如金属切削机床、升降机、起重设备等。

2）变频调速

变频调速是改变电源频率从而使电动机的同步转速变化达到调速的目的的。在一般情况下，电动机的转差率 s 很小，所以可以近似地认为 $n \propto n_1 \propto f_1$ 为使电动机得到充分利用，通常希望气隙磁通维持不变，从电动势公式 $U_1 = E_1 = 4.44 f_1 N_1 K \Phi_m$ 知，若要维持 Φ_m 为常数，则 U_1 必须随频率的变化成正比变化，即 $\frac{U'_1}{U_1} = \frac{f'_1}{f_1}$ = 常数另一方面，为保证电动机的稳定运行，希望变频调速时，电动机的过载能力不变。因此变频调速特别适合于恒转矩负载。

变频调速的主要优点是调速范围宽，静差率小，稳定性好，平滑性好能实现无级调速，能适应各种负载，效率较高，理想的调速方式，应用实践证明，交流电机变频调速一般能节电 30%，目前工业发达国家已广泛采用变频调速技术，在我国也是国家重点推广的节电新技术。但它需要一套专门的变频电源，如图 5-2-5 所示为利用变频器控制电动机的典型案例，是交流电动机调速发展的主要方向。

3）转差率调速

改变转差率的方法主要有三种：定子调压调速、转子电路串电阻调速和串级调速。下面分别介绍。

（1）定子调压调速

图 5-2-6 为定子调压的机械特性曲线，由图可知对恒转矩负载而言，其调速范围很窄，实用价值不大，但对于通风机负载而言，其负载转矩 TL 随转速的变化而变化，如图中虚线所示。可见其调速范围很宽，所以目前大多数的风扇采用此法。

但是这种调速方法在电动机转速较低时，转子电阻上的损耗较大，使电动机发热较严重，所以这种调速方法一般不宜在低速下长时间运行。

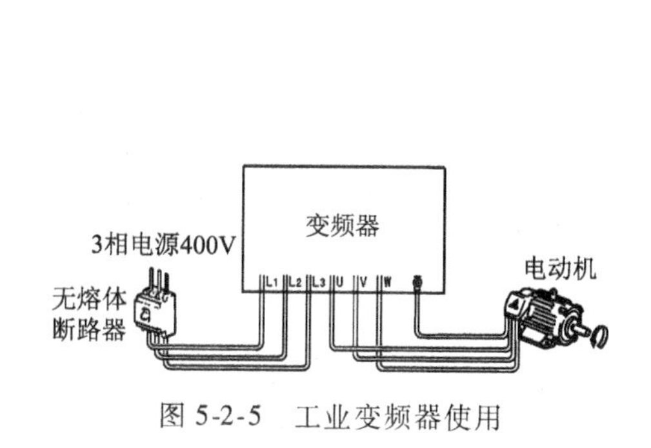

图 5-2-5　工业变频器使用

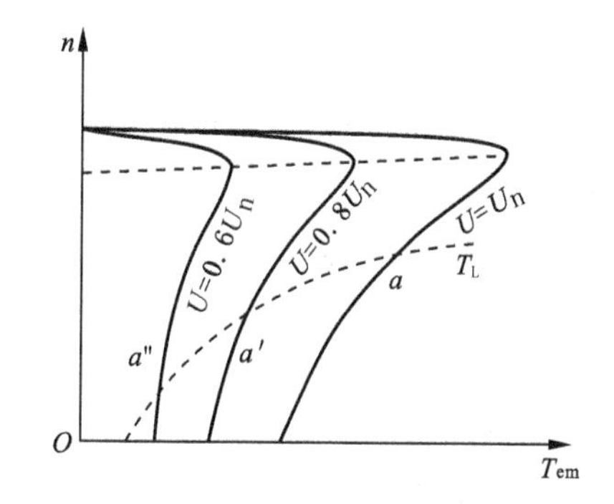

图 5-2-6　定子调压调速机械特性曲线

（2）转子串接电阻调速

该方法仅适用于绕线转子异步电动机，其机械特性如图 5-2-7 所示。图中曲线是一束电源电压不变，而转子电路所串电阻值不同的机械特性曲线。从图中不难看出，当串入电阻越大时，稳定运行速度越低，且稳定性也越差。

转子串电阻调速的优点是方法简单，设备投资不高，工作可靠。但调速范围不大，稳定较差，平滑性也不是很好，调速的能耗比较大。在对调速性能要求不高的地方得到广泛的应用，如运输、起重机械等。

（3）串级调速

串级调速就是在绕线异步电动机的转子电路中引入一个附加电动势 E_f 来调节电动机的转速，调速原理图如图 5-2-8 所示。这种方法仅适于绕线异步电动机。

串级调速的调速性能比较好，但是附加电动势 E_f 的获取比较困难，故长期以来未得到推广。

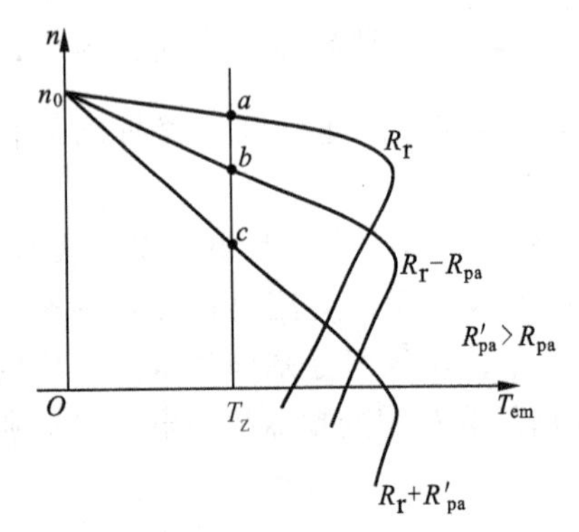

图 5-2-7 转子电路串接电阻改变转差率调速的机械特性

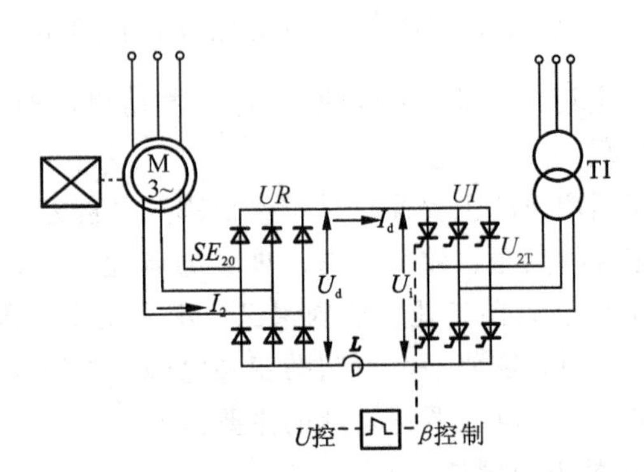

图 5-2-8 电气串级调速原理图

2. 三相异步电动机的制动

1）制动的概念与方法

（1）制动的概念

制动就是给电动机一个与转动方向相反的转矩使它迅速停转（或限制其转速）。

（2）制动的方法

制动方法一般有电气制动和机械制动两类。

机械制动电磁机械制动是用电磁铁操纵机械装置来强迫电动机迅速停车，如电磁抱闸、电磁离合器。电气制动实质上是在电动机停车时，产生一个与原来旋转方向相反的制动转矩，迫使电动机转速迅速下降，如反接制动、能耗制动、反馈制动等。实现制动的控制线路是多种多样的。本节仅介绍电动机的反接制动和能耗制动控制。

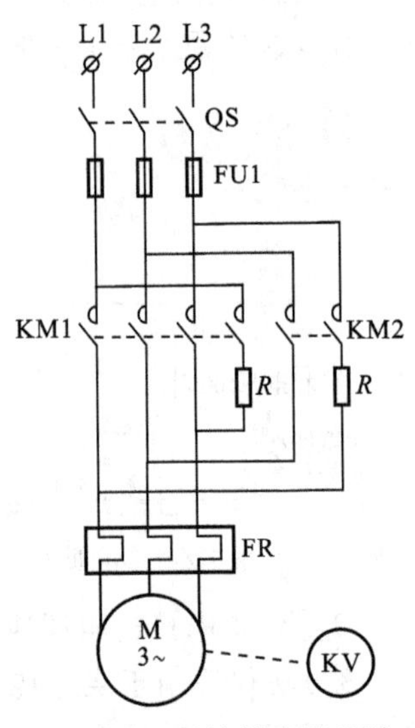

图 5-2-9 反接制动原理图

2）反接制动

反接制动分为电源反接制动和倒拉反接制动两种形式，下面重点介绍一下电源反接制动方面的知识。

电源反接制动是利用改变异步电动机定子绕组上三相电源的相序，使定子产生反向旋转的磁场，从而产生制动力矩的一种制动方法。具体电路如图 5-2-9 所示。

反接制动时，转子与旋转磁场的相对转速接近转子转速的两倍，因此，制动电流大，制动力矩大，制动迅速。但是这种方法对设备冲击也大，制动时则需在定子回路中串入电阻降压以减小制动电流。当采用 10kW 以下的小容量电动机时，可以不串制动电阻以简化线路。

3）能耗制动

能耗制动是指在异步电动机运行时，把定子从交流电源断开，同时在定子绕组中通入直流电流，产生一个在空间不动的静止磁场，此时转子由于惯性作用仍按原来的转向转动，运动的转子导体切割恒定磁场，便在其中产生感应电动势和电流，从而产生电磁转矩，此转矩与转子由于惯性作用而旋转的方向相反，所以电磁转矩起制动作用，迫使转子停下来。

原理示意图如图 5-2-10 所示。控制电路如图 5-2-11 所示。

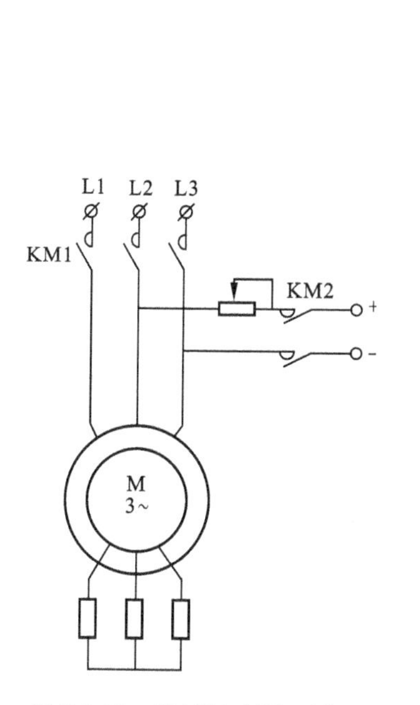

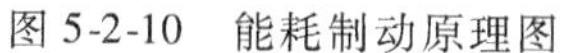
图 5-2-10 能耗制动原理图

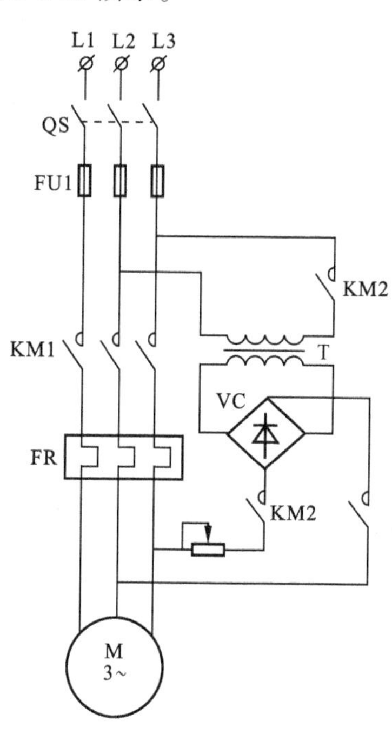

图 5-2-11 典型能耗制动控制线路图

能耗制动与反接制动相比，由于制动是利用转子中的储能进行的，能量损耗小，制动电流较小，制动准确，适用于要求平稳制动的场合，但需要整流电源，制动速度也较反接制动慢一些。

技能与方法

【想一想】：

双速电动机用在什么场合？分析双速电动机接线原理及安装、调试双速电动机控制线路？

表 5-2-1 所示是双速电动机控制回路及主回路用到的电气元器件材料的选取资料（以 380V，1.8kW 电动机为例）。

表 5-2-1 材料的选择

序 号	名 称	型 号	规 格	数 量	选用电动机
1	隔离开关（QS）	HZ10/3	10A	1	1.8kW
2	熔断器	RL1-15	6A～10A	3	1.8kW
3	交流接触器（KM1、KM2、KM3）	CJ10-10A	线圈电压380V	3	1.8kW
4	热继电器（KR、KR1）	JR16-20/3D	发热元件20A（3.2～4.5A）	1	1.8kW（整定4.5A）
5	熔断器（FU2）	RL1-15	2A、4A芯	2	
6	时间继电器（KT）	JS7-3/4A（不需要瞬动）	380V	1	整定
7	按钮（SB1、SB2）	LA4/22H		1	
8	主回路导线		BV1.5		1.8kW
9	控制回路导线		BV1.0		1.8kW

【练一练】：

双速异步电动机自动变速电路的安装

1）熟悉原理

双速异步电动机自动变速电路原理图如图 5-2-12 所示。

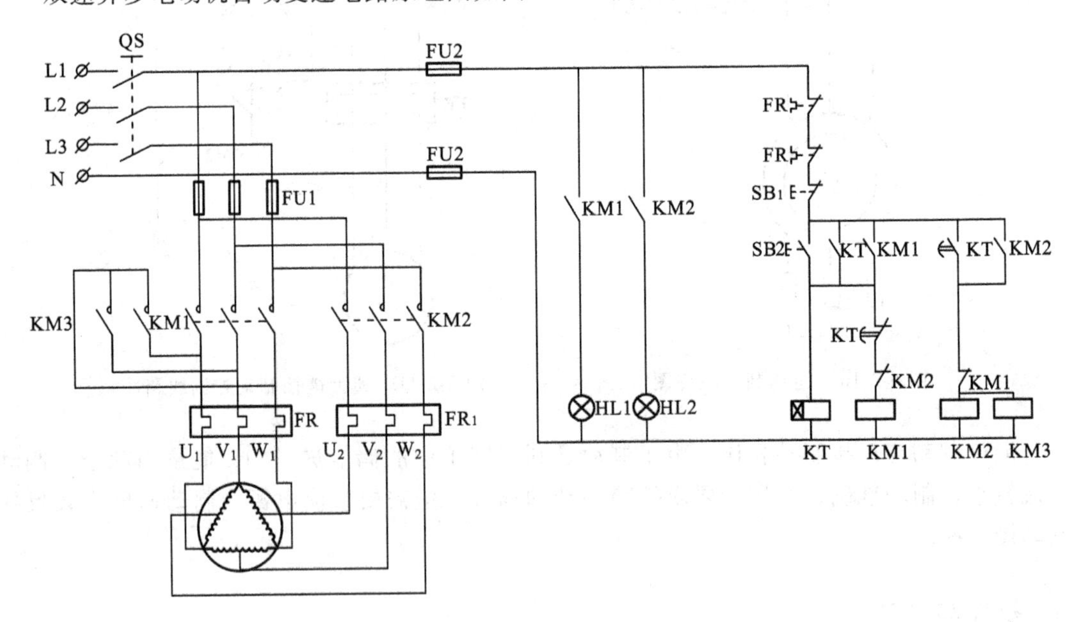

图 5-2-12 双速异步电动机自动变速电路

2）按图接线

按图 5-2-12 双速电动机的自动变速控制电路接线，从刀开关的下端开始自上而下地接线，先接主电路后接控制电路，先串联后并联，先控制点后保护点的接线规律连接，最后接电源进线。

3）控制电路的调试与检修

（1）调试前的准备

① 完成接线安装必须进行检查工作，首先检查有无绝缘层压入接线端子，再检查裸露的导线线心是否超过规定，最后检查所有导线与接线端子的接触情况。用手摇动、拉接线端子上的导线，不允许有松脱。

检查熔断器、交流接触器、热继电器、起停按钮、时间继电器位置是否正确、有无损坏，导线规格是否符合设计要求，操作按钮和接触器是否灵活可靠，热继电器和时间继电器的整定值是否正确，信号和指示是否正确。

② 对电路的绝缘电阻进行测试，验证是否符合要求。

（2）调试过程

① 接通控制电路电源进行调试。

② 接通主电路和控制电路的电源，检查电动机转速起动次序，是否正常。正常后，在电动机转轴上加负载，检查热继电器是否有过负荷保护作用。有异常立即停电检修。

（3）检修

检修采用万用表电阻法，在不得电情况下进行，用万用表 R×10 或 R×100 挡检查线路通断。取控制电路的两只熔断器为测量点，先检查有无短路。然后按下起动按钮，万用表指示的电阻值为接触器电磁线圈的直流电阻，表示控制电路在按下起动按钮时接通；需要时按时间继电器衔铁测控制电路各点的电阻值，确定故障点。然后按下接触器的动触点，万用表指示的电阻值为接触器线圈的直流电阻，表示控制电路能自锁；按下起动按钮万用表指针偏转时再按下停止按钮，万用表指针回到“∞”位置，表示停止按钮能断开控制电路（检查完毕并确保电路无误后才能进行的得电）。压下接触器衔铁测主电路各点的电阻确定主电路故障并排除。

（4）填写检修记录单

4）通电运行

经检查接线正确，一定要在教师的监护下才能通电运行。

注意：①注意安全。②在指导教师允许下得电。③按操作过程逐步完成试验。④辅助电路连接完成后，电路中所有电器的金属外壳必须装接地线。⑤在安装过程中要注意时间继电器的型号是得电延时还是断电延时。⑥时间继电器时间的整定非常关键，要学会调整。⑦接线完成后，仔细检查电路有无漏接、短接、错接以及接线端的接触是否良好。⑧实训完毕进行6S整理。

总结与评价

理论知识部分主要通过学生口头报告、作业形式进行小组评价或教师评价。实操技能部分，一方面要对学生在实操中各个环节运用的有关方法、掌握技能的水平进行定性评价，另一方面还要对学生的实践操作结果进行抽样测量、检查，给予最终定量评价，如表5-2-2所示。

表 5-2-2 项目评价记录表

评价项目	项目评价内容		分值	自我评价	小组评价	教师评价	得分
理论知识	了解并熟悉电动机调速原理及常用方法		5				
	熟悉几种电动机调速的概念及实现方法		5				
	掌握双速度电动机工作原理及实现方法		5				
	了解制动的概念		5				
	熟悉并掌握能耗制动及反接制动的原理		5				
实操技能	材料的选择		5				
	会正确使用万用表进行测量		10				
	正确安装电气线路图		5				
	懂得测量调试步骤		5				
	合理美观的接线工艺		5				
安全文明生产	工量具的正确使用		5				
	遵守操作规程或实训室实习规程		5				
	工具量具的正确摆放与用后完好性		5				
	实训室安全用电		10				
	6S 整理		5				
学习态度	出勤情况		5				
	车间纪律		5				
	小组合作情况（团队协作）		5				
个人学习总结	成功之处						
	不足之处						
	改进措施						

思考与练习

1. 填空题

（1）改变异步电动机的转速方法主要有______、______、______三种。

（2）变极调速方法一般适于______。

（3）D/YY 电动机定子绕组为______接法，电动机低速起动。电动机的定子绕组接成______，电动机高速运行。D/YY 接法的调速方式适用于______负载。

（4）变频调速特别适合于______负载。

（5）改变转差率的方法主要有______、______、______三种。

（6）电源反接制动是利用改变异步电动机定子绕组上三相电源的______，使定子产生反向旋转的磁场，从而产生制动力矩的一种制动方法

（7）能耗制动是指在异步电动机运行时，把定子从______断开，同时在______定子绕组中通入直流电流实现的。

2. 问答题

（1）什么是电动机的调速？电动机调速的方法有几种？

（2）变级调速与变极调速在概念上有无区别，请举例说明。

（3）请画出△/YY变极调速定子绕组的接线原理图。

（4）变频调速有哪些优点？

（5）改变转差率调速有哪几种方式？各有哪些优点？

（6）什么是制动？

（7）常用的制动方法有哪些？

（8）如何实现能耗制动？在什么场合下用到能耗制动？

（9）安装好的电路如何进行调试？

（10）线路安装调试时要注意哪些事项？

项目 6　直流电动机

项目引言：

直流电动机具有起动转矩大、调速范围广、调速精度高、能够实现无级平滑调速等一系列优点，需要在大范围实现无级平滑调速或需要大起动转矩的生产机械，常用直流电动机来拖动，图 6-1-1 所示为电动机在现实生活中的典型应用实例。

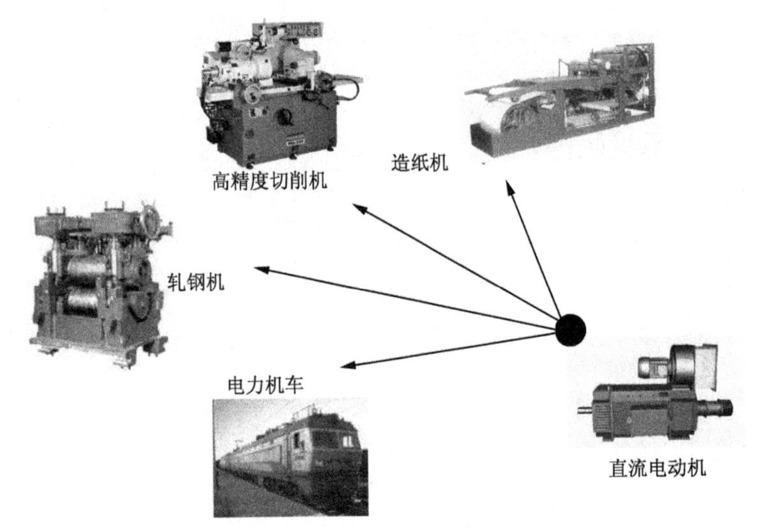

图 6-1-1　直流电动机在现实生活中的应用

学习目标：

（1）理解直流电动机的工作原理；

（2）掌握直流电动机的结构与分类；

（3）掌握直流电动机的铭牌参数；

（4）了解直流电动机的拆装知识和故障处理知识；

（5）熟悉直流电动机电枢绕组的基本形式；

（6）掌握直流电动机的电磁转矩、电枢电动势的计算以及直流电动机的基本方程；

（7）掌握直流电动机的三种调速方法。

能力目标：

（1）会拆装小型直流电动机，认清绕组线端的标记代号；

（2）能利用工具进行简单的直流电动机故障排查；

（3）会进行电刷中性线位置的调整；

（4）会进行典型直流电动机电枢绕组的绕制；

（5）能够进行他励直流电动机的起动、反转和调速控制。

任务1 直流电动机绕组的认识

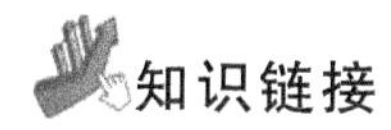

知识链接

1. 直流电动机的结构与分类

1）直流电动机的基本结构

直流电动机由定子和转子（电枢）两个基本部分组成。定子和转子之间有空隙，成为气隙。

（1）定子部分

定子部分包括主磁极（见图6-1-2）、换向极、机座、电刷等部件，如表6-1-1所示。

表6-1-1 直流电机定子部分组成部件

部件	主磁极	换向极	机座	电刷装置
作用	产生恒定的主磁场，由主磁极铁心和套在铁心上的励磁绕组组成	改善换向性能，消除直流电动机带负载时换向产生的有害火花	电动机的机械支撑；各磁极间的磁路（定子的磁轭）	使转子绕组与电动机外部电路接通；与换向器配合，完成直流电机外部直流与内部交流的互换
构成	主磁极铁心一般有1～1.5mm厚的低碳钢板冲片叠压铆接而成，铁心的上部叫极身，下部叫极靴。靴做成圆弧形，以刺激下气隙磁通较均匀。极身外套有励磁绕组，绕组中通入直流电流后，便产生主磁场	由铁心和套在铁心上的绕组构成	由铸钢或厚钢板制成	电刷、刷握、刷杆、弹簧压板等构成
备注	主磁极可以有一对、两对或者更多，用螺栓固定在机座上	换向极的数目一般与主磁极数目相同，只有小功率的直流电动机可不装换向极或装设只有主磁极数一半的换向极		电刷组的个数一般等于主磁极的个数

（2）转子部分

转子部分包括电枢铁心、电枢绕组、换向器、转轴、风扇等部件，如表6-1-2所示，结构如图6-1-3所示。

表6-1-2 直流电机转子部分组成

部件	电枢铁心	电枢绕组	换向器
作用	作为磁路的一部分；将电枢绕组安放在铁心的槽内	产生感生电动势和电磁转矩，从而实现电能和机械能的相互转换	将电枢绕组中的交流电流转变成电刷两端的直流电流
构成	采用0.35～0.5mm的涂有绝缘漆的硅钢片冲压叠成，以减小由于电机磁通变化产生的涡流损耗	由许多形状相同的线圈按一定的排列规律连接而成	由多个紧压在一起的梯形铜片构成的圆筒，片与片之间用一层薄云母绝缘

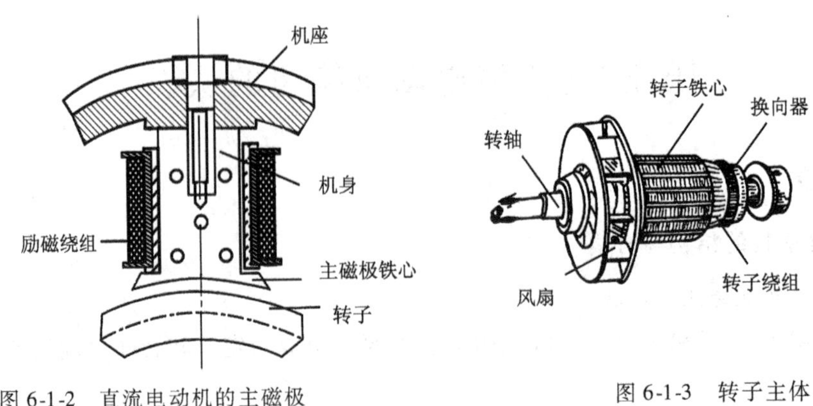

图 6-1-2　直流电动机的主磁极　　　　图 6-1-3　转子主体

2）分类

根据励磁线圈和转子绕组的联接关系，励磁式的直流电动机可分为 4 图，如表 6-1-3 所示。

表 6-1-3　直流电动机分类

类　别	特　点	电 路 图
他励直流电动机	励磁线圈与转子电枢的电源分开	I_f U_f M U
并励直流电动机	励磁线圈与转子电枢并联到同一电源上	I_f M U
串励直流电动机	励磁线圈与转子电枢串联接到同一电源上	M U
复励直流电动机	励磁线圈与转子电枢的联接有串有并，接在同一电源上	M U

2. 直流电动机的电枢绕组

电枢绕组是直流电动机的核心部分，它在电动机实现能量转换的过程中起着重要作用。

1）电枢绕组的常用术语

① 绕组元件：构成绕组的线圈称为绕组元件，分单匝和多匝两种。一个元件由两条元件边和端接线组成，元件边放在槽内，能切割磁力线而产生感应电动势，称为“有效边”，端接线放在槽外，不切割磁力线，仅作为连接线用。每个元件的一个元件边放在某一个槽的上层，另一个元件边则放在另一槽的下层，如图 6-1-4 所示。

② 元件的首末端：每一个元件均引出两根线与换向片相连，其中一根称为首端，另一

根称为末端。每一个元件的两个端点分别接在不同的换向片上，每个换向片接两个不同的线圈端头。

每一个元件有两个元件边，每片换向片又总是接一个元件的上层边和另一元件的下层边，所以元件数 S 总等于换向片数 K，即 $S=K$。

③ 实槽：电动机电枢上实际开出的槽称为实槽。实槽数用 Q 表示。

④ 虚槽：即单元槽（每层元件边的数量等于虚槽数），每个虚槽的上、下层各有一个元件边。虚槽数用 Q_u 表示。设槽内每层有 u 个虚槽，若实槽数为 Q，虚槽数为 Q_u，则 $Q_u=uQ$。

每个元件有两个元件边，而每个电枢槽分上下两层嵌放两个元件边，所以元件数 S 又等于槽数 Q，即 $S=K=Q$。

⑤ 极轴线：磁极的中心线。

⑥ 几何中性线：是指主磁极 N 极和 S 极的机械分界线。

⑦ 物理中性线：把 N 极与 S 极磁场为零处的分界线称为物理中性线。

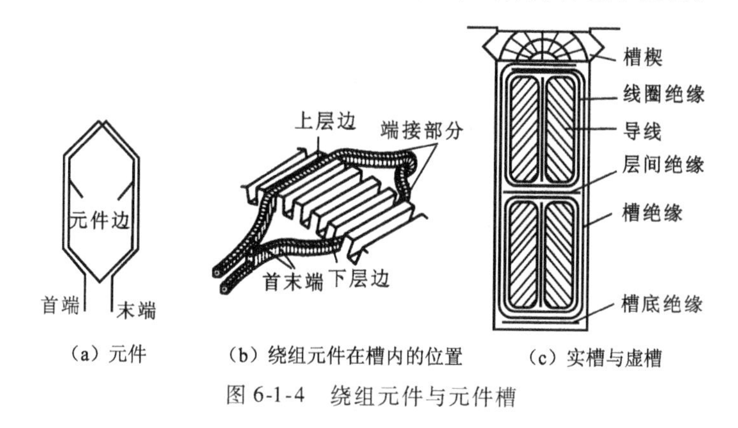

（a）元件　（b）绕组元件在槽内的位置　（c）实槽与虚槽

图 6-1-4　绕组元件与元件槽

⑧ 极距：相邻两个主磁极轴线沿电枢表面之间的距离，用 τ 表示为（距离）

$$\tau=\frac{\pi D}{2p} \tag{6-1-1}$$

式中　D——电枢外径，m；

p——磁极对数。

a. 绕组节距：表征电枢绕组元件本身和元件之间连接规律的数据为节距，直流电动机电枢绕组的节距有第一节距 y_1、第二节距 y_2、合成节距 y 和换向器节距 y_k 四种。

b. 第一节距 y_1：同一个元件的两个有效边在电枢表面跨过的距离。

$y_1=\tau$ 的元件为整距元件，绕组称为整距绕组；$y_1<\tau$ 的元件称为短距元件，绕组称为短距绕组；$y_1>\tau$ 的元件，其电磁效果与 $y_1<\tau$ 的元件相近，但端接部分较长，耗铜多，一般不用。

c. 第二节距 y_2：连至同一换向片上的两个元件中第一个元件的下层边与第二个元件的上层边间的距离，用槽数表示。

d. 合成节距 y：相串联的两个相邻线圈对应的有效边之间的距离，用槽数表示。

单叠绕组：$y=y_1-y_2$；单波绕组：$y=y_1+y_2$。

e. 换向器节距 y_k：同一元件首末端连接的换向片之间的距离。换向器节距与合成节距 y 总是相等的，即 $y_k=y$。

2）绕组的基本形式

直流电动机电枢绕组的基本形式有两种：一种叫单叠绕组，一种叫单波绕组。

（1）单叠绕组

单叠绕组是指相邻元件（线圈）相互叠压，元件的出线端接到相邻的换向片上，第一个元件的下层边（虚线）连接着第二个元件的上层边，它放在第一元件上层边相邻的第二个槽内。合成节距与换向节距均为1，即：$y=y_k=1$。

单叠绕组有以下特点：

① 位于同一磁极下的各元素串联起来组成一条支路，并联支路对数等于极对数。

② 当元件形状左右对称，电刷在换向器表面的位置对准磁极中心线时，正、负电刷间的感应电动势最大，被电刷短路元件中的感应电动势最小。

③ 电刷组数等于极数。

（2）单波绕组

单波绕组是直流电动机电枢绕组的另一种基本形式，其元件如图1-3-1所示，首尾端分别接到相距约两个极距的换向片上，$y_k \approx 2\tau$，串联起来形成波浪形，故称为波绕组。若将所有同极下的元件串联后回到原来出发的那个换向片的相邻换向片上，则该绕组称为单波绕组。为此，换向器节距必须满足关系：$py_k=K-1$。

则换向器节距：

$$y_k=\frac{K-1}{p}=N\ (N\text{为整数}) \tag{6-1-2}$$

合成节距：

$$y=y_k \tag{6-1-3}$$

第二节距：

$$y_2=y-y_1 \tag{6-1-4}$$

单波绕组有以下特点：

① 同极下各元件串联起来组成一条支路，支路对数为1，与磁极对数无关；

② 当元件的几何形状对称时，电刷在换向器表面上的位置对准主磁极中心线，支路电动势最大；

③ 电刷数等于磁极数；

④ 电枢电动势等于支路感应电动势

⑤ 电枢电流等于两条支路电流之和。

注意： 单叠绕组和单波绕组的主要差别在于并联支路对数的多少。由于在同样元件数的情况下，单叠绕组的并联支路多，但各支路的元件数较少，因而单叠绕组的电压低于单波绕组，而允许通过的电枢电流却大于单波绕组。因此，单叠绕组适用于低电压、大电流的电动机，单波绕组适用于高电压、小电流的电动机。

3. 直流电动机的工作原理

直流电动机的转动过程以电磁相互作用的基本规律为基础。如图6-1-5所示，处在均匀磁场B中的一段通有电流I的导体l将受到磁场力的作用。由安培定律可知，磁场作用力F的大小为$F=bIl$，F的方向由右手螺旋定则或左手定则确定。

如图6-1-6所示，如果一段长度为 l 的导体在均匀磁场 B 中沿垂直于磁场的方向以速度 v 匀速运动，导体中将产生感生电动势。由电磁感应定律可知，感生电动势 e 的大小为 $e=Blv$，e 的方向由右手定则确定。

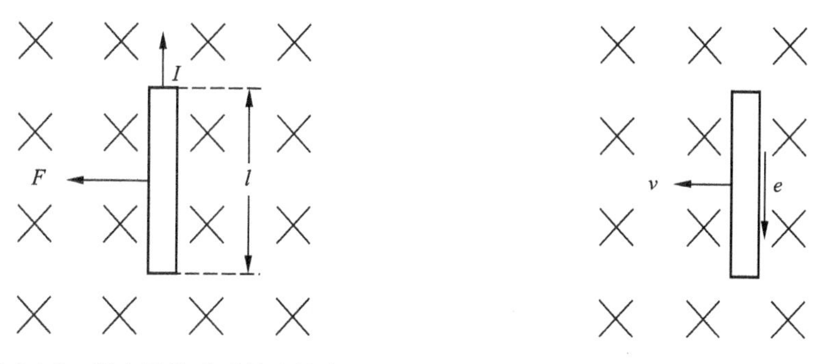

图6-1-5 得电导体受到的安培力　　图6-1-6 运动导体中的感生电动势

用图6-1-7（a）所示的简化模型代替直流电动机。当接得电源 U 时，直流电流将从 a 边流入，b 边流出，由安培定律可知线圈 a 边和 b 边将受到一对大小相等、方向相反的电磁力作用，其方向由左手定则确定，如图6-1-7（b）所示。由于这对电磁力不在一条直线上，因此它们将形成一个电磁转矩，使电动机的转子沿逆时针方向加速旋转。当电磁转矩与阻力转矩平衡时，转子的转速才稳定下来。

由于换向片随转子一起转动，当线圈 a 边旋转至S磁极附近，b 边旋转至N磁极附近时，转子线圈 ab 中的直流电流将改变方向。此时，电流从线圈 a 边流出，b 边流入，而电磁力和电磁转矩的方向不变，这就保证了转子的连续转动。可见，转子线圈 a、b 每旋转半圈，其中的直流电流就改变一次方向，相当于转子线圈接入的是交流电。这正是换向器产生的效果。

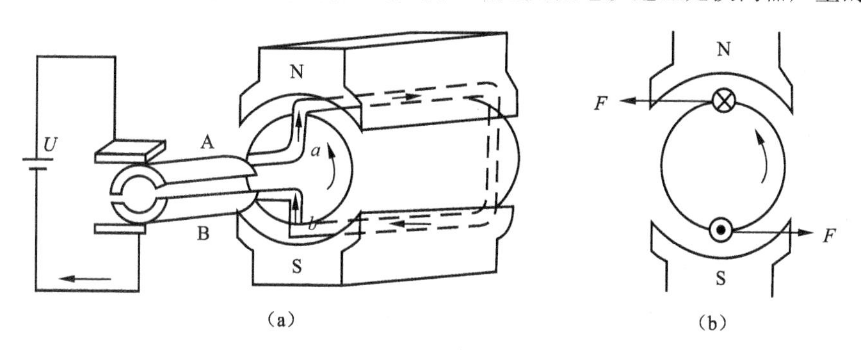

图6-1-7 直流电动机的转动模型

4. 直流电动机的铭牌参数

铭牌标明了电动机额定运行时的定额参数。这些参数是正确、合理使用电动机的依据，也称为铭牌数据，如表6-1-4所示。

表6-1-4 直流电动机的铭牌数据说明

铭牌参数	数据说明	铭牌参数	数据说明
额定功率	22kW	励磁电压	220V
额定电压	220V	励磁电流	2.06A
额定电流	110A	定额	连续

续表

铭牌参数	数据说明	铭牌参数	数据说明
额定转速	1 500r/min	温升	80℃
出厂编号	×××	出厂日期	×年×
×××电机厂			

① 型号：其含义如图 6-1-8 所示。

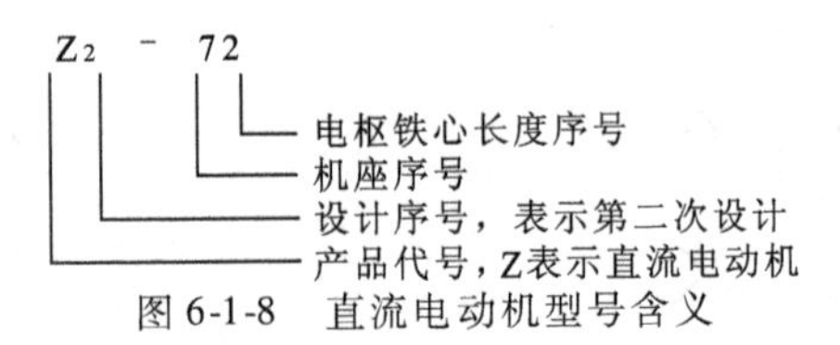

图 6-1-8 直流电动机型号含义

② 额定功率 P_N：电动机在额定运行条件下电动机转轴上输出的机械功率 $P_N = U_N I_N n_N$。

③ 额定电压 U_N：电动机在额定运行条件下，加在电动机电枢绕组两端的电压值。

④ 额定电流 I_N：电动机在额定负载条件下，电枢绕组长期允许通过的电流值。

⑤ 额定转速 n_N：电动机运行在额定电压、额定电流、额定功率时所对应的转速。

⑥ 励磁方式：指电动机的励磁方式，包含他励、并励、串励、复励四种励磁方式。

⑦ 励磁电压：是电动机在额定状态下励磁绕组两端所加的电压。

⑧ 励磁电流：电动机产生主磁通所需要的励磁电流。

⑨ 定额：电动机在额定状态下可以持续运行的时间和顺序。分为：连续定额、短时定额、短续定额三种情况。

⑩ 温升：在额度条件下，电动机运行上升的最高温度值。

技能与方法

【想一想】：

如何按照要求进行电枢绕组的绕制？

第一步：计算绕组的各节距。包括 y、y_1。

第二步：绘制展开图。

① 画槽、画元件，按顺序编号。每槽用两条短线表示，实线表示上层，虚线表示下层。注意：实线上的标号既表示槽号又表示元件号，同时还表示该元件的上层边所在的位置。

② 画换向片，按顺序编号。用小方块代表各换向片，换向片与电枢同周长，换向片的编号也是按顺序从左向右并以第一元件上层边所连接的换向片作为第一换向片号。

③ 排列、连接绕组。根据各节距按规律排列连接。

④ 放置主磁极。主磁极应 N、S 极交替地、均匀地放置在各槽之上，每个磁极的宽度约为 0．7 倍的极距。

⑤ 安放电刷。在展开图中，直流电动机的电刷置于磁极中心线下，电刷大小与换向片相同，电刷数与主磁极数相同。在实际生产过程中，直流电动机电刷的位置是通过实验方法确定的。

第三步：绘制绕组连接顺序表。

第四步：绕制并联支路。

【练一练】：

（1）一台直流电动机的有关数据为 $Q=S=K=16$，$2p=4$，试绕制其单叠整距绕组。

① 计算节距。

第一节距 $y_1=\dfrac{Q}{2p}=\dfrac{16}{4}=4$

换向器节距与合成节距 $y_k=y=1$

第二节距 $y_2=y_1-y=3$

② 绘制单叠绕组展开图。绘制单叠绕组展开图，如图 6-1-9 所示。

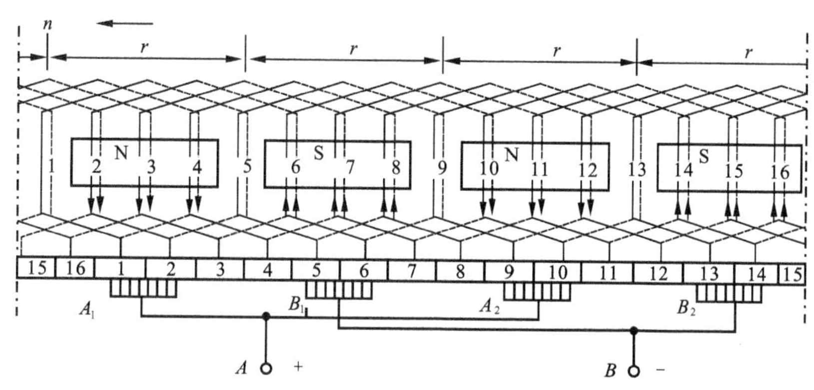

图 6-1-9 单叠绕组展开图

a. 画槽：画 16 根等长、等距的平行实线代表 16 个槽的上层，在实线旁画 16 根平行虚线代表 16 个槽的下层。一根实线和一根虚线代表一个槽，编上槽号。

b. 画元件：按节距 $y1$ 连接一个元件。例如将 1 号元件的上层边放在 1 号槽的上层，其下层边应放在 5 号槽的下层。注意首端和末端之间相隔一片换向片宽度（$y_k=1$），为使图形规整起见，取换向片宽度等于一个槽距，从而画出与 1 号元件首端相连的 1 号换向片，末端和相邻的 2 号换向片相连，可以依次画出 2 ~ 16 号元件，从而将 16 个元件通过 16 片换向片连成一个闭合的回路。

c. 画磁极和电刷：本例有 4 个主磁极，在圆周上应该均匀分布，即相邻磁极中心之间应间隔 4 个槽。设某一瞬间，4 个磁极中心分别对准 3、7、11、15 槽，并让磁极宽度约为极距的 60% ~70%，画出 4 个磁极，依次标上极性 N、S，一般假设磁极在电枢绕组的上面。电刷组数等于极数，本例中为 4。电刷必须均匀分布在换向器表面圆周上，相互间隔 16/4 =4 片换向片。为使被电刷短路的元件中感应电动势最小，正、负电刷之间引出的电动势最大，由图 6-1-9 分析可以看出，当元件左右对称时，电刷中心线应对准磁极中心线。图中设电刷宽度等于一片换向片的宽度。

d. 标方向：设此电动机工作在电动机状态，并欲使电枢绕组向左移动，根据左手定则可知电枢绕组各元件中电流的方向应如图 6-1-9 所示。为此应将电刷 A_1、A_2 连起来作为电枢绕组的“+”端，接电源正极；将电刷 B_1、B_2 连起来作为“-”端，接电源负极。如果工作在发电机状态，设电枢绕组的转向不变，则电枢绕组各元件中感应电动势的方向用右手定则确定，与电动机状态时的电流方向相反，因此电刷的正负极性不变。

③ 绕组连接顺序表。本例单叠绕组的连接顺序表如图 6-1-10 所示。表中上排数字同时

代表上层元件边的元件号、槽号和换向片号，下排带"′"的数字代表下层元件边所在的槽号。

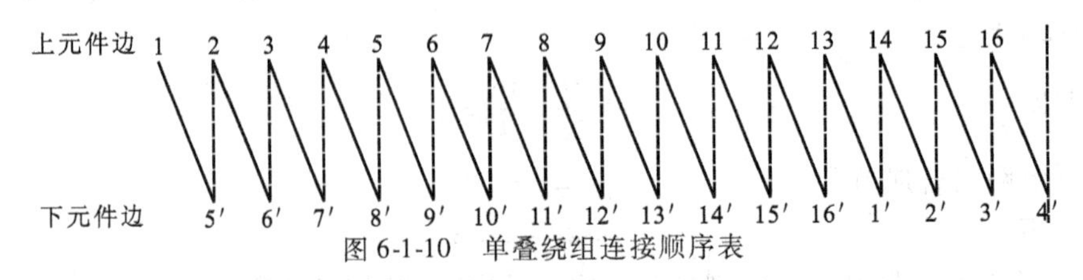

图 6-1-10 单叠绕组连接顺序表

④ 绕组并联支路。保持图 6-1-10 中各元件的连接顺序不变，将此瞬间不与电刷接触的换向片省去不画，可以得到如图 6-1-10 所示的并联电路。并联支路图，就是绕组的电路简图。对照图 6-1-10 和图 6-1-11 可以看出，单叠绕组的连接规律是将同一磁极下的各个元件串联起来组成一条支路。因此，单叠绕组的并联支路对数 a 总等于极对数 p。

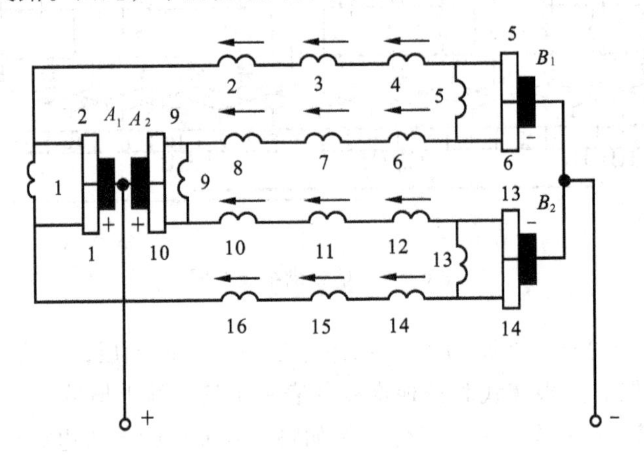

图 6-1-11 单叠绕组并联支路图

（2）直流电动机极数 $2p=4$，且 $Q=S=K=15$，试接成单波绕组。

① 节距计算。

单波绕组的合成节距为 $$y=y_k=\frac{K-1}{p}=\frac{15-1}{2}=7$$

第一节距： $$y_1=\frac{Q}{2p}=\frac{15}{4}-\frac{3}{4}=3$$

第二节距： $$y_2=y-y_1=4$$

虚槽数： $$u=1$$

② 单波绕组的展开图。绘制单波绕组展开图的步骤与单叠绕组相同，本例的展开图如图 6-1-12 所示。由于波绕组的端接通常是对称的，这就意味着与每一元件所接的两片换向片自然会对称位于该元件轴线的两边，因此电刷均位于与主磁极轴线对准的换向片上。要注意的是由于本例的极距不是整数，所以相邻主磁极中心线之间的距离不是整数，相邻电刷中，用换向片数表示时也不是整数。

$\tau=\frac{Q}{2p}=\frac{15}{4}=3\frac{3}{4}$，用换向片数表示时也不是整数。

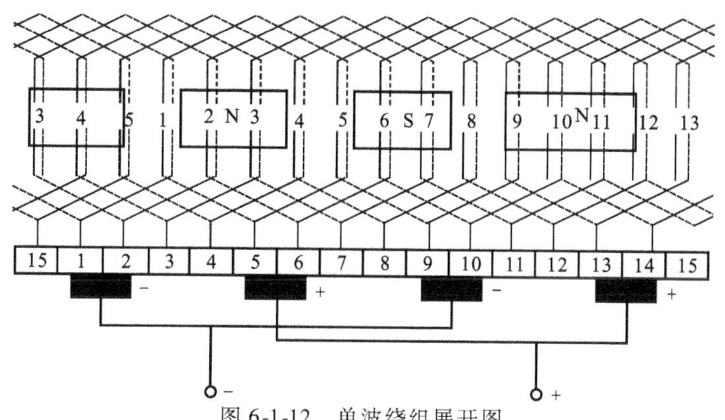

图 6-1-12 单波绕组展开图

③ 绕组连接顺序表。采用与单叠绕组相同的方法，即可得到单波绕组的连接顺序表，如图 6-1-13 所示。所有元件依次串联，最终构成一个闭合回路，故单波绕组又称为串联绕组。

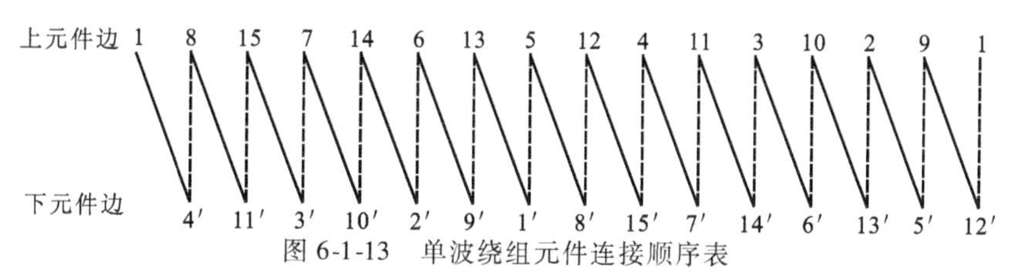

图 6-1-13 单波绕组元件连接顺序表

④ 绕组并联支路 。按图 6-1-13 中各元件的连接顺序，将此刻不与电刷接触的换向片略去不画，可以得出此单波绕组的并联支路如图 6-1-14 所示。可以看出，单波绕组将上层边在 N 极下的所有绕组元件串联起来组成一条支路，将上层边在 S 极下的所有绕组元件串联起来组成另一条支路，因此单波绕组的并联支路数总是 2，并联支路对数恒等于 1。

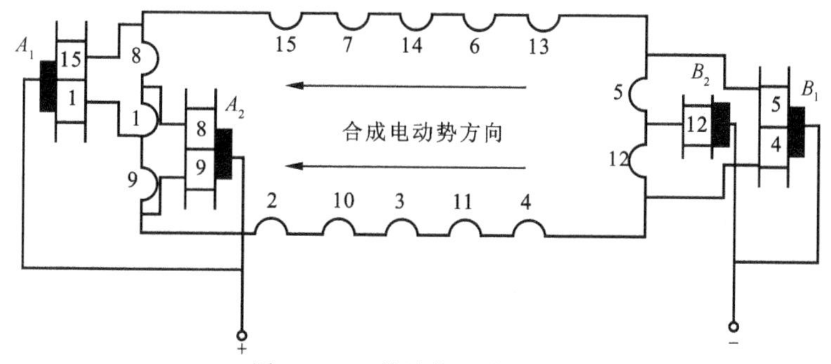

图 6-1-14 单波绕组并联支路

注意： 直流电动机绕组除了前面所讲内容外，还有复叠绕组，复波绕组，混合绕组等，其差别在于并联的支路上，支路数越多，相应的组成每条支路的串联元件数就少。

①进行绘制时，要注意图纸的整洁与美观。②实训完毕进行 6S 整理。

总结与评价

理论知识部分主要通过学生口头报告、作业形式进行小组评价或教师评价。实操技能部分，一方面要对学生在实操中各个环节运用的有关方法、掌握技能的水平进行定性评价，另一方面还要对学生的实践操作结果进行抽样测量、检查，给予最终定量评价，如表6-1-4所示。

表6-1-4 项目评价记录表

评价项目	项目评价内容	分值	自我评价	小组评价	教师评价	得 分
理论知识	直流电动机的结构和分类	20				
	直流电动机工作原理	10				
	直流电动机的电枢绕组	10				
实操技能	单叠绕组的绕制	10				
	单波绕组的绕制	10				
安全文明生产	工量具的正确使用	5				
	遵守操作规程或实训室实习规程	5				
	工具量具的正确摆放与用后完好性	5				
	实训室安全用电	10				
学习态度	6S整理	5				
	出勤情况	5				
	车间纪律	5				
个人学习总结	成功之处					
	不足之处					
	改进措施					

思考与练习

1. 填空题

(1) 直流电动机的定子由换向极、________、________、________、________等部分组成。

(2) 直流电动机的转子部分包括______、______、______、转轴、风扇等部件。

(3) 直流电动机的励磁方式包括______、______、______、______。

2. 问答题

(1) 简述直流电动机的工作原理。

(2) 简述电枢绕组的绕制步骤。

3. 计算题

一台直流电动机其额定功率 $P_N=160kW$，额定电压 $U_N=220V$，额定效率 $\eta_N=90\%$，额定转速 $n_N=1\,500r/min$，求该电动机额定运行状态时的输入功率、额定电流及额定转矩各是多少？

任务2 直流电动机的检修

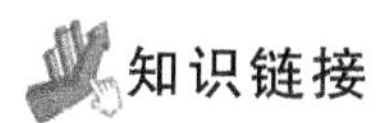

知识链接

1. 直流电动机的基本物理量

1）电枢绕组的感应电动势

在直流电动机中，感应电动势是由于电枢绕组和磁场之间的相对运动，即导体切割磁力线而产生的。电枢电动势计算公式为

$$E_a = C_e \Phi n \tag{6-2-1}$$

式中 C_e——电动势常数；

Φ——每极的磁通，Wb；

n——电动机转速 r/min；

E_a——电枢电动势 V。

电枢绕组电动势的方向，用右手螺旋定则判定。

2）电磁转矩

根据电磁力定律，载流导体在磁场中受到电磁力的作用为 $F = BlI$。当电枢绕组中有电流通过时，构成绕组的每个导体在空隙中将受到电磁力的作用，该电磁力乘以电枢旋转半径，形成电磁转矩。电磁转矩的大小最终可表示为

$$T = C_T \Phi I_a \tag{6-2-2}$$

式中 C_T——转矩常数，$C_T = 8.55C_e$，取决于电动机的结构；

Φ——每极磁通，Wb；

I_a——电枢电流，A。

电磁转矩的方向由左手定则判断，直流电动机的电磁转矩是拖动转矩时，其方向与电动机旋转方向相同，其大小为

$$T = 9550\frac{P}{n} \tag{6-2-3}$$

式中 P——电动机的轴上输出功率，kW；

n——电动机转速，r/min；

T——电动机电磁转矩，N·m。

2. 直流电动机的基本关系式

1）电动势平衡方程式

在外加电源电源 U 的作用下，电枢绕组中流过电枢电流。电流在磁场作用下，受到电磁力的作用，形成电磁转矩；在电磁转矩作用下，电枢转动。旋转的电枢切割磁力线产生感应电动势，其方向与电枢电流相反，是反电动势，如图 6-2-1 所示。根据基尔霍夫定律，转子绕组中总的电流、电压关系应满足下面的方程：

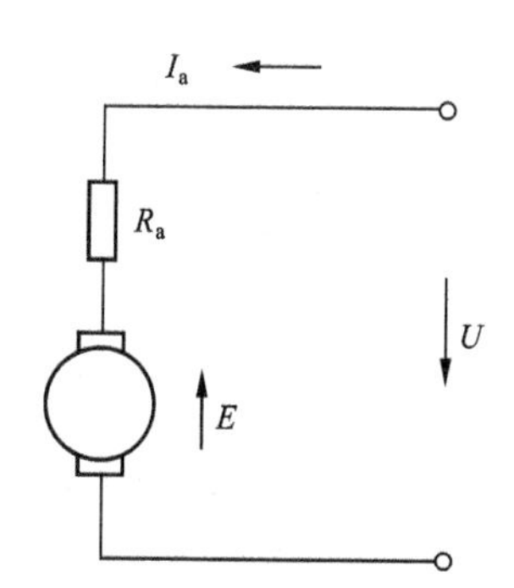

图 6-2-1 直流电动机转子的等效电路图

$$U = E + I_a R_a \tag{6-2-4}$$

该式通常称为转子的电压平衡方程。它说明了外加电源电压 U 与转子的感应电动势 E 和转子绕圈损耗电阻 R_a 上的电压降 $I_a R_a$ 相平衡。

2）转矩平衡方程式

对于直流电动机来说，电磁转矩是拖动转矩，与负载转矩 T_L 和空载转矩 T_0 相平衡，即：

$$T = T_L + T_0 \tag{6-2-5}$$

3）功率平衡方程式

输入电功率 P_1 应该等于输出机械功率 P_2 和总的损耗功率 ΣP 之和，即：

$$P_1 = P_2 + \Sigma P \tag{6-2-6}$$

3. 他励直流电动机的机械特性

1）特性方程式

他励直流电动机拖动系统原理图如图 6-2-2 所示，其机械特性是指当电源电压 U、气隙磁通 Φ 以及电枢电路总电阻 $R_a + R_c$ 均为常数时，电动机的电磁转矩与转速之间的函数关系，即 $n = f(T)$。特性方程式见式（6-2-7）。

$$n = \frac{U}{C_e \Phi} - \frac{R_a + R_c}{C_e C_T \Phi^2} T \tag{6-2-7}$$

式中 R_a——电枢电路本身电阻；

R_c——电枢电路串电阻；

C_e——电势常数；

C_T——转矩常数。

当 U、Φ、$R_a + R_c$ 都保持常数时，可以把式（6-2-7）写成如下形式

$$n = n_0 - \beta T \tag{6-2-8}$$

式中 n_0——理想空载转速，$n_0 = U/(C_e \Phi)$；

β——机械特性的斜率，$\beta = (R_a + R_c)/(C_e C_T \Phi^2)$。

2）特性曲线分析

特性曲线如图 6-2-3 所示。

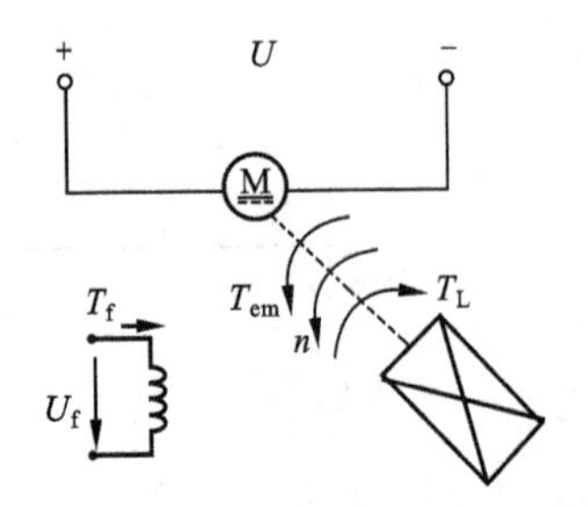

图 6-2-2 他励直流电动机拖动系统原理图

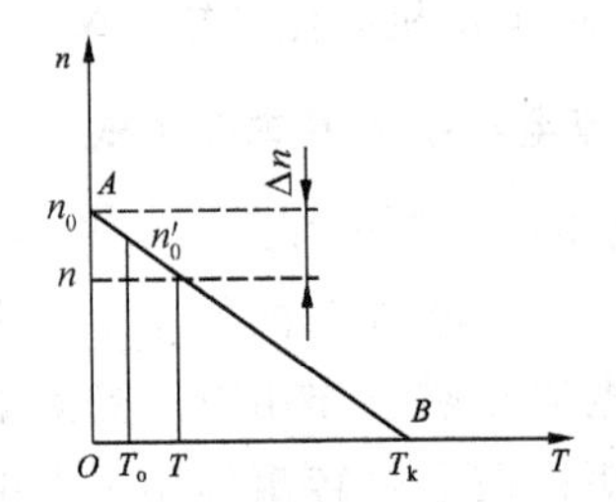

图 6-2-3 他励直流电动机的机械特性

下面首先讨论机械特性上的两个特殊点：

（1）理想空载点

图 6-2-3 的 A 点即为理想空载点，在 A 点 $T = 0$，$I_a = 0$ 电枢压降 $I_a(R_a + R_c) = 0$，电枢

电动势 $E_a = U$，电动势的转速 $n = n_0 = U/(C_e\Phi)$。

（2）堵转点

图 6-2-3 的 B 点即为堵转点。在 B 点，$n=0$，因而 $E=0$。此外，外加电压 U 与电枢压降 I_a（R_a+R_c）相平衡，电枢电流 $I_a=U/$（R_a+R_c）$=I_k$，称为堵转电流，它仅由电动机外加电压 U 及电枢回路中的总电阻（R_a+R_c）决定。与 I_k 相对应的电磁转矩 $T_k=C_T\Phi I_k$ 称为堵转转矩。

3）固有机械特性

在电动机电枢回路加电压为额定电压 U_N，励磁回路加上额定励磁电流，气隙磁通为额定磁通，且电枢回路不外串电阻时，电动机的机械特性称为固有机械特性。固有机械特性方程式为

$$n=\frac{U_N}{C_e\Phi_N}-\frac{R_a}{C_eC_T\Phi_N^2}T \qquad (6\text{-}2\text{-}10)$$

图 6-2-4 所示为他励直流电动机的固有机械特性，它是一条略微向下倾斜的直线。

由于电枢回路只有很小的电枢绕组 R_a，所以 β_N 的值较小，属于硬特性。

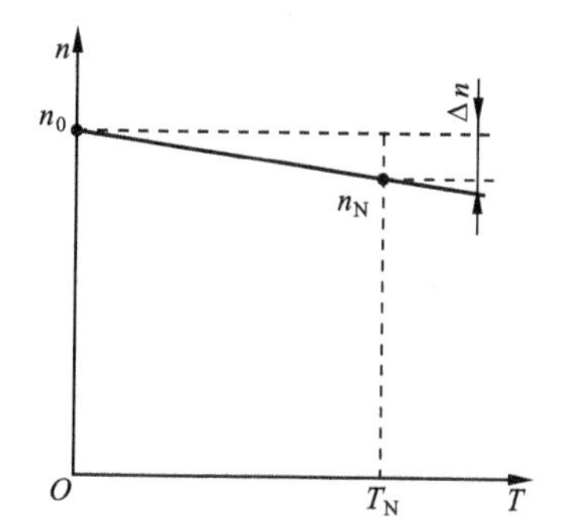

图 6-2-4 他励直流电动机的固有机械特性

4. 直流电动机的简单使用

1）起动

起动时，电枢上加额定电压，励磁绕组接通，电动机的起动转矩大于负载转矩即可。

注意：直流机在起动和工作时，励磁电路一定要接通，不能让它断开，而且起动时要满励磁。否则，磁路中只有很少的剩磁，可能产生以下事故：

① 若电动机原本静止，由于 $\Phi\to0$，反电动势为零，电枢电流会很大，电枢绕组有被烧毁的危险。

② 如果电动机在有载运行时磁路突然断开，则 E 变小，I_a 变大，T 和 Φ 变小，可能不满足 T_L 的要求，电动机必将减速或停转，使 I_a 更大，也很危险。

③ 如果电机空载运行，可能造成飞车。

2）反转

电动机的转动方向由电磁转矩的方向确定。

改变直流电动机转向的方法如下：

① 改变励磁电流的方向。

② 改变电枢电流的方向。

注意： 要想改变电动机转动方向，励磁电流和电枢电流两者的方向不能同时改变。

3）制动

直流电动机电气制动常采用反接制动、能耗制动、发电回馈制动等方法。

（1）反接制动

反接制动包括电源反接制动与电动势反接制动两种，这里简单介绍一下电源反接制动。

电源反接制动是在电动机运行过程中，改变加在电枢两端的电压方向同时在电枢回路加入

适当的电阻，以限制电源反接制动时电枢的电流过大的一种制动方法，原理如图 6-2-5 所示。

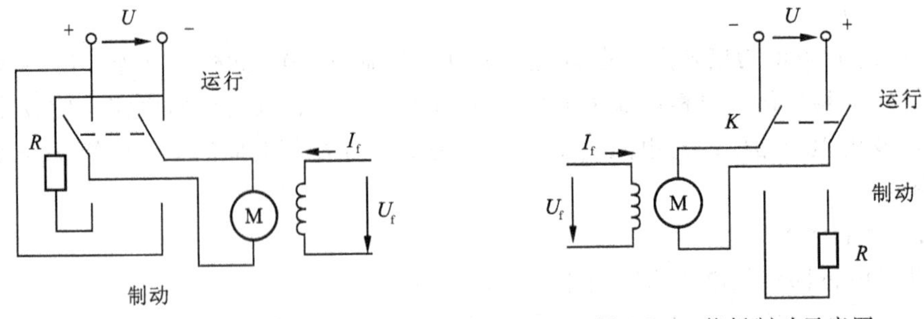

图 6-2-5　电源反接制动示意图　　图 6-2-6　能耗制动示意图

（2）能耗制动

停车时，将电枢从电源上断开，随后接入限流电阻，由于惯性，电枢仍保持原方向运动，感应电动势方向也不变，电动机变成发电机，电枢电流的方向与感应电动势相同，从而电磁转矩与转向相反，起制动作用。如图 6-2-6 所示。

（3）发电回馈制动

特殊情况下，例如，汽车下坡时，在重力的作用下 $n > n$（n_0 理想空载转速），这时电动机变成发电机，电磁转矩成为阻转矩，从而限制电动机转速过分升高。

4）调速

与异步电动机相比，直流电动机结构复杂，价格高，维护不方便，但它的最大优点是调速性能好。常用的调速方法有电枢回路串电阻调速、弱磁调速、降压调速等。

下面以他励电动机为例说明直流电动机的调速方法。

（1）弱磁调速

弱磁调速是在电动机电枢电压为额定值，通过减小电动机励磁回路电流的方法实现的。具体做法为在励磁回路中串上电阻 R_f，改变 R_f 大小调节励磁电流，从而改变 Φ 的大小。

转速 n 和磁通 Φ 有关，由 $n_0 = \dfrac{U}{C_e\Phi}$、$\Delta n = \dfrac{R_a}{C_T C_e \Phi^2}$知道 $n_0 \propto \dfrac{1}{\Phi}$，$\Delta n \propto \dfrac{1}{\Phi^2}$磁通减小以后特性上移，而且斜率增加。特性曲线如图 6-2-7 所示。

电动机励磁电路突然串入电阻，当磁路未饱和时，磁通减小。由于电动机转速 n 还来不及变化，电动机的反电动势 $E = C_e\Phi n$ 将随 Φ 的降低而降低，使电枢电流 I_a 迅速增大，电动机的转矩增大，$T > T_Z$ 系统加速，n 上升，则反电动势由下降到最小值开始回升，电枢电流下降，直到 $T = T_Z$，系统达到新的平衡。

弱磁调速特点：

① 调速平滑，可做到无级调速。

② 在额定情况下，Φ 已接近饱和，I_f 再加大，对 Φ 影响不大，一般采用减弱磁通的方法调速——减小磁通，转速只能上调。受机械本身强度所限，转速不能太高，调的是励磁电流（该电流比电枢电流小得多），调节控制方便。

（2）降压调速

降压调速是指在励磁电流不变的情况下，通过改变电动机电枢端电压来改变电动机转速的一种方法。由机械特性方程式 $n = n_0 - \Delta n$（其中 $\Delta n = \dfrac{R_a}{C_T C_e \Phi^2}T$，$n_0 = \dfrac{U}{C_e\Phi}$），分析知道

调电枢电压 U，理想空载转速变化，斜率不变，所以调速特性是一组平行曲线。

特征曲线如图 6-2-8 所示。

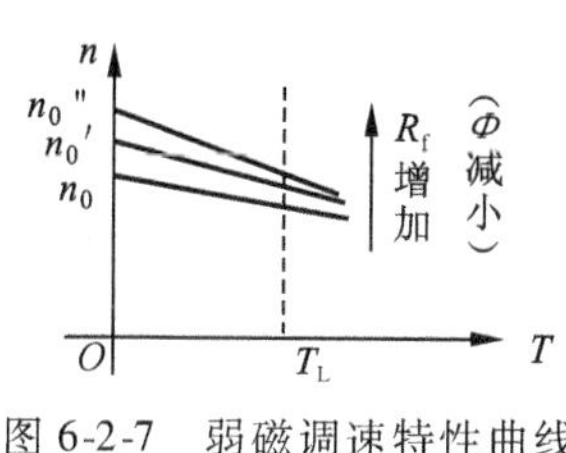

图 6-2-7　弱磁调速特性曲线

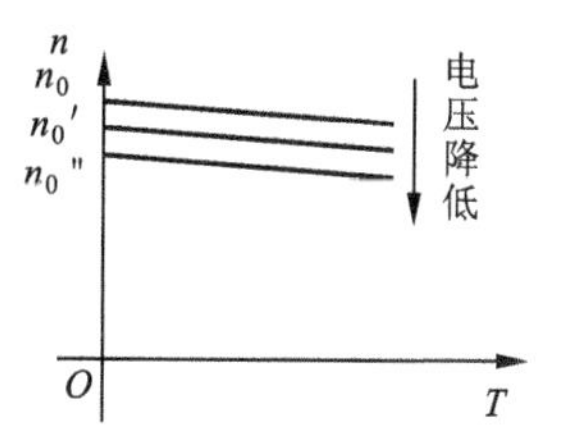

图 6-2-8　降压调速特性曲线

改变电压的调速方法必须有连续可调的大功率直流电源，这种调速方法适用 G-M（发电机—电动机）系统。

G-M 系统通过改变直流发电机的励磁电流来改变发电机的输出电压，发电机的输出电压再控制电动机的电枢电压。这种方法投资大，目前广泛使用的方法是晶闸管整流电路调节电枢电压。

降压调速特点：

① 工作时电枢电压一定，电压调节时，不允许超过额定电压，而 $n \propto U$，所以调速只能向下调；

② 可得到平滑、无级调速；

③ 调速幅度较大。

实际生产中，常把降压调速和弱磁调速配合使用，以实现双向调速，扩大转速的调节范围。

（3）电枢串电阻调速

在电枢中串入电阻，使 Δn 变大、n_0 不变，即电动机的特性曲线变陡（斜率变大），在相同力矩下 n 变小，其特征曲线如图 6-2-9 所示。

$$n = n_0 - \Delta n \text{ ，其中 } \Delta n = \frac{R_a}{C_T C_e \Phi^2} T,\ n_0 = \frac{U}{C_e \Phi}$$

电枢串电阻调速特点：

① 串入电阻后转速只能降低，串入电阻越大，特性越软，特别是低速运行，负载波动引起电动机转速波动很大，因此低速运行的下限受到限制，其调速范围也受限制；

② 串电阻是有极调速，平滑性差；

③ 电枢电流大，耗能多，不经济；

④ 调速简单，投资少；

⑤ 只用于小型直流电动机。

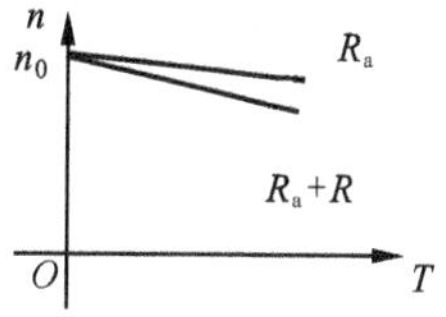

图 6-2-9　电枢串电阻调速特性曲线

技能与方法

【想一想】：

直流电动机结构比较复杂，现实工作中，主要以维修为主，需要掌握哪些工具与维修方法呢吗？

直流电动机结构比较复杂，现实工作中，主要以维修为主，需要掌握哪些工具与维修方法呢？

常用的维修工具及材料如表 6-2-1 所示。

表 6-2-1　材料、工具的选择

序　号	工　具	图　片
1	直流电动机 1 台	
2	手锤 1 把	
3	各种扳手	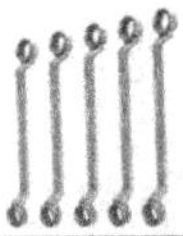
4	油盒 1 只	
5	刷子 1 把	
6	各种型号电刷	
7	0 号砂布	
8	煤油	
9	润滑脂	
10	直流毫伏表	

续表

序　　号	工　　具	图　　片
11	兆欧表	
12	直流电源	
13	常用电工工具	

【练一练】：

1. 认识直流电动机绕组线端的标记代号

在使用及检修直流电动机时，必须分清各绕组线段的标记，以便于相互连接和与外电路连接。

表 6-2-2 给出了直流电动机各绕组线端曾经用过的和现在使用的标记代号。打开电动机接线盒，可以观察到电动机的绕组线端的这些标记代号。

表 6-2-2　直流电机绕组线段标记代号

绕组名称	1980 年以前		1980 年以后	
	始　端	末　端	始　端	末　端
电枢绕组	S1	S2	A1	A2
串励绕组	C1	C2	D1	D2
并励绕组	B1	B2	E1	E2
他励绕组	T1	T2	F1	F2
补偿绕组	BC1	BC2	C1	C2
换向绕组	H1	H2	B1	B2

2. 拆装直流电动机

图 6-2-10 所示为直流电动机主要部件图。

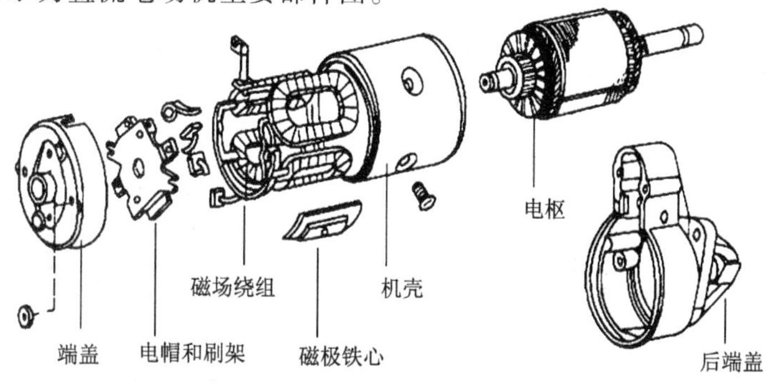

图 6-2-10　电动机主要部件图

基本操作步骤描述，如表 6-2-3 所示。

表 6-2-3　直流电动机拆卸基本步骤

项　　目	操作步骤及要点
拆　卸	打开电动机接线盒，拆下电源连接线。在端盖与机座连接处做好标记
取出电刷	打开换向器侧的通风窗，卸下电枢紧固螺钉，从刷握中取出电刷，拆下接到刷杆上的连接线
拆卸轴承外盖	拆除换向器侧端盖螺钉和轴承盖螺钉，取出轴承外盖；拆卸换向器端的端盖，必要时从端盖上取下刷架
抽出电枢	抽出电枢时要小心，不要碰伤电枢
拆卸零件	用纸或软布将换向器包好。 拆下前端盖上的轴承螺钉，并取下轴承外盖，将连同前端盖在内的电枢放在木架或木板上；轴承一般只在损坏后方可取出，无特殊原因，不必拆卸

3. 直流电动机的检修项目

直流电动机的检修项目，如表 6-2-4 所示。

表 6-2-4　直流电机简单检修项目

项　　目	操　　作	相关接线图	注　　意
维护保养换向器	用 0 号砂纸在低速转动的换向器上仔细研磨	表面应保持光洁，不得有机械损伤和火花灼痕	长期运行，表面会产生一层坚硬的深褐色薄膜，可以保护换向器不受损伤。要保护好这层薄膜
鉴定火花等级	注意观察直流电动机运行时电刷与换向器表面的火花情况	电火花等级表见附表 3	额定负载下，只允许有不超过 $1\frac{1}{2}$级的火花
调整电刷中性线位置	1. 将励磁绕组通过开关连接到 3V 直流电源上，毫伏表接到相邻两组电刷上 2. 频繁合上、断开开关，将电刷向左或向右移动，观察直流毫伏表的摆动情况，直至毫伏表指针不动或摆动很小时，电刷位置就是中性线位置	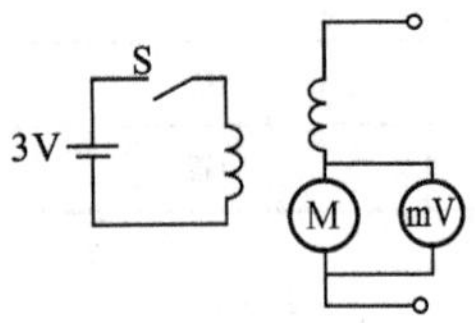 S 3V M mV	一次不够，要将电刷架紧固后复测
研磨电刷	1. 用 0 号砂布。砂布的宽度等于换向器的长度，用砂布将换向器周围包住 2. 用胶布将砂布固定在换向器上 3. 将待研磨的电刷放入刷握内，按电动机的旋转方向转动电枢进行研磨		电刷与换向器表面接触面积的大小将直接影响到电枢下火花的等级，对新更换的电刷必须进行研磨，以保证其接触面积在 80% 以上

续表

项目	操作	相关接线图	注意
检修电枢绕组接地故障	1. 兆欧表法用兆欧表一端接电枢绕组，一端接机座，转动兆欧表手柄，若电阻为零，说明电枢绕组接地。 2. 校验灯法将36V低压电串联一个36V低压照明灯，一端接转轴，一端接换向片。若照明灯发亮，说明电枢接地故障	校验灯法接线图	如果接地处在铁心外部，可以重新做好绝缘；如果接地处在铁心槽内部，要更换电枢绕组
检修电枢绕组短路故障	将6.3V交流电压加在相隔K/2或K/4两换向片上，用毫伏表测各相邻换向片的电压，并逐级测量。若读数突然变小，说明绕组元件有匝间短路，若测试过程中各换向片间电压相等，说明没有短路故障	R ~6.3V 毫伏表测试法	短路点少且明显，可将短路导线拆开后垫入绝缘材料涂绝缘漆烘干使用；短路点难以找到，电动机急用，可将短路元件所连接的两换向片短接故障严重，更换电枢
检修电枢绕组断路故障	1. 焊接质量不好或电流过大的造成的脱焊，只需镊子拨动即可发现 2. 电枢铁心内部故障，用毫伏表测。将6～12V伏电源接至换向器K/2或K/4两换向片上，用毫伏表测各相邻换向片的电压，并逐级测量。指针无读书指示，绕组好；指针剧烈跳动的，有断路	+ U − 毫伏表测试法	断路故障点在绕组元件与换向片的焊接处，重焊在铁心槽内，将该绕组元件所连接的两换向片短接，继续使用；短路点多，更换电枢
检修换向器	1. 换向器片间短路：可用拉槽工具刮去金属屑末及电刷粉末；若故障不除，则是换向器内部故障，需更换换向器 2. 换向器接地故障：一般由灰尘、油污、其他杂物堆积造成，只需把烧坏处污物清理干净，补好绝缘即可		

注意：直流电动机维修检修是非常重要的一项工作，要学会仪器仪表的使用，同时要掌握方法。

①进行拆装与检修时，要注意工具的使用与选择。②搞好团队建设、合理的小组分工协作是提高效率的关键。③实训完毕进行6S整理。

总结与评价

1. 自我评价、小组评价及教师评价

理论知识部分主要通过学生口头报告、作业形式进行小组评价或教师评价。实操技能部分，一方面要对学生在实操中各个环节运用的有关方法、掌握技能的水平进行定性评价，另一方面还要对学生的实践操作结果进行抽样测量、检查，给予最终定量评价，如表6-2-5所示。

表6-2-5 项目评价记录表

评价项目	项目评价内容		分值	自我评价	小组评价	教师评价	得分
理论知识	直流电动机电枢电动势的计算		5				
	直流电动机电磁转矩的计算		5				
	直流电动机的机械特性		10				
	直流电动机的起动、制动、调速		10				
实操技能	拆卸电动机		10				
	装配电动机		10				
	故障处理		5				
	电刷中性线的调整		5				
安全文明生产	工量具的正确使用		5				
	遵守操作规程或实训室实习规程		5				
	工具量具的正确摆放与用后完好性		5				
	实训室安全用电		10				
学习态度	6S整理		5				
	出勤情况		5				
	车间纪律		5				
个人学习总结	成功之处						
	不足之处						
	改进措施						

思考与练习

1. 填空题

（1）直流电动机电枢电枢大小与______、______、______因素有关；电枢电动势的方向，用______判定。

（2）直流电动机电枢回路电压平衡方程式为______。

（3）在电动机外加电压为______，气隙磁通为______，且电枢回路______时，电动机的机械特性称为固有机械特性。

（4）改变直流电机转向的方法主要有______、______两种，若______和______两者的方向同时改变，则不能改变电动机的旋转方向。

（5）直流电动机采用的制动方法有______、______、______、______四种。

（6）他励直流电动机常用的调速方法有______、______、______三种。

（7）请填写下表：

绕组名称	始端	末端	绕组名称	始端	末端
	A1	A2	串励绕组		
	E1	E2	他励绕组		
补偿绕组				B1	B2

（8）测电刷中性线的方法是将______通过开关连接到______直流电源上，毫伏表接到相邻两组电刷上，频繁合上断开开关，将电刷______移动，观察直流毫伏表的摆动情况，直至毫伏表______时，电刷位置就是中性线位置。

2. 问答题

（1）什么是直流电动机的机械特性？直流特性曲线与哪些因素有关系？

（2）画图说明直流他励电动机如何实现能耗制动？

（3）如何实现电源反接制动？

（4）直流电动机为什么一般不允许直接起动？如直接起动有什么问题？采用什么方法起动比较好？

3. 计算题

（1）一台直流电动机的额定转速为3 000r/min，如果转子电压和励磁电流均为额定值，试问该电机是否允许在转速为2 500 r/min下长期运行？为什么？

（2）有一他励电动机，已知：$I_a=68.5A$，$P_N=13kW$，$n_N=1\ 500r/min$ $R_a=0.225\Omega$，$U_N=220V$。求：（1）采用电枢串电阻调速，使$n=1\ 000r/min$，应串入多大的电阻？（2）采用降压调速，使$n=1\ 000r/min$，电源电压应降为多少？（3）采用弱磁调速，$\Phi=0.852\Phi_N$电动机的转速为多少？能否长期运行？

项目7　控制电动机

项目引言：

控制电动机是指自动控制系统中传递信息、变换和执行控制信号用的电动机。控制电机种类非常多，它是构成开环控制、闭环控制、同步联结和机电模拟解算装置等系统的基础元件，广泛应用于化工、炼油、钢铁、造船、数控机床、自动化仪表等民用工业及雷达天线自动定位、飞机自动驾驶仪、导航仪、激光和红外线技术、导弹和火箭的制导、自动火炮射击控制、舰艇驾驶盘和方向盘的控制等军事设备领域。典型应用如图 7-1-1 所示。

图 7-1-1　典型应用

学习目标：

（1）理解交直流伺服电动机的结构和工作原理。

（2）熟悉交直流伺服电动机的控制方式。

（3）会分析交流伺服电动机自转原理。

（4）掌握交直流测速发电机的结构和工作原理。

（5）理解步进电动机的结构和工作原理、工作方式。

（6）理解步进电动机转速、步距角、转子齿数、运行方式拍数之间的关系。

（7）理解直线电动机的结构和工作原理。

能力目标：

（1）能对机械特性曲线进行分析和根据要求进行选择使用。

（2）能对步进电动机进行简单使用和控制（位置和转速的控制）。

任务1　认识常用的控制电动机

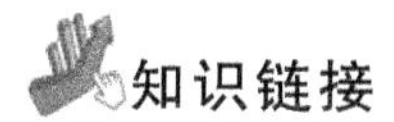

知识链接

控制电动机是在普通旋转电动机基础上产生的特殊功能的小型旋转电动机。控制电动机在控制系统中作为执行元件、检测元件和运算元件。从工作原理上看，控制电动机和普通电动机没有本质上的差异，但普通电动机功率大，侧重于电动机的起动、运行和制动等方面的性能指标，而控制电动机输出功率较小，侧重于电机控制精度和响应速度。

控制电动机按其功能和用途可分为信号检测和传递类控制电动机及动作执行类控制电动机两大类。执行电动机包括伺服电动机、步进电动机和直线电动机；信号检测和传递电动机包括测速发电机、旋转变压器和自整角机等。

1. 伺服电动机

伺服电动机的作用是将输入的电压信号（即控制电压）转换成轴上的角位移或角速度输出，在自动控制系统中常作为执行元件，所以伺服电动机又称执行电动机，其最大特点是：有控制电压时转子立即旋转，无控制电压时转子立即停转。转轴转向和转速是由控制电压的方向和大小决定的。

1）伺服电动机的应用

数控机床伺服系统是以机床移动部件的机械位移为直接控制目标的自动控制系统，又称位置随动系统，如图7-1-2所示，它接收来自插补器的步进脉冲，经过变换放大后转化为机床工作台的位移。高性能的数控机床伺服系统还由检测元件反馈实际的输出位置状态，并由位置调节器构成位置闭环控制。

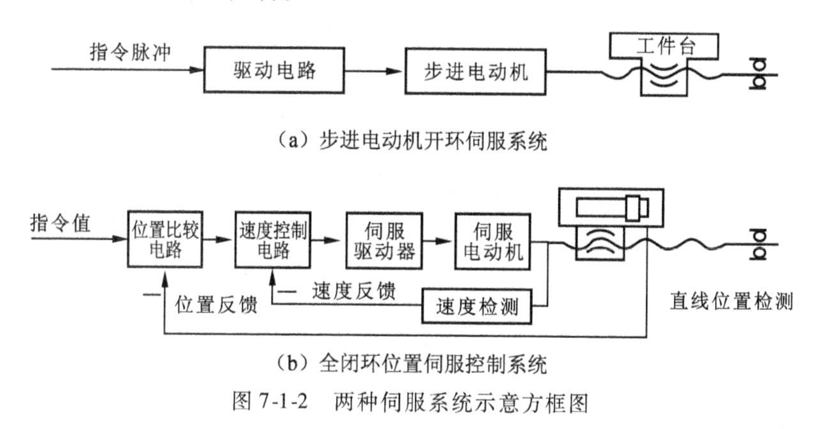

（a）步进电动机开环伺服系统

（b）全闭环位置伺服控制系统

图7-1-2　两种伺服系统示意方框图

自动控制系统中对伺服电动机的性能要求：

① 调速范围宽；

② 机械特性和调节特性为线性；

③ 无“自转”现象；

④ 快速响应。

2）认识伺服电动机

（1）常见的伺服电动机

常见的伺服电动机，如图 7-1-3 所示。

减速交流伺服电动机

永磁无刷伺服电动机

交流永磁伺服电动机

直流伺服电动机

图 7-1-3　常见的伺服电动机

（2）伺服电动机的分类

伺服电动机分类如下：

① 直流伺服电动机，其特点是输出功率大。

② 交流伺服电动机，其特点为输出功率小。

3）交流伺服电动机的结构及工作原理

① 交流伺服电动机的结构如图 7-1-4 所示。

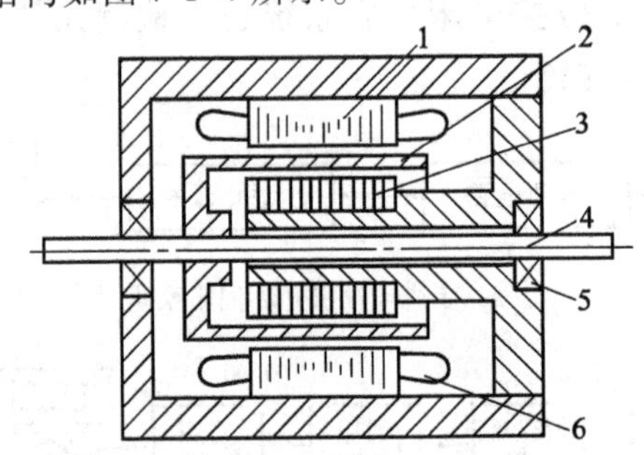

图 7-1-4　杯形转子伺服电动机结构图

1—外定子铁心；2—杯形转子；3—内定子铁心；
4—转轴；5—轴承；6—定子绕组

交流伺服电动机主要由定子和转子构成，如图 7-1-4 所示。定子铁心通常用硅钢片叠压而成。定子铁心表面的槽内嵌有两相绕组，其中一相绕组是励磁绕组，另一相绕组是控制绕组，两相绕组在空间位置上互差 90°电角度。工作时励磁绕组 f 与交流励磁电源相连，控制绕组 k 加控制信号电压。转子的形式有两种，一种是笼式转子，其绕组由高电阻率的材料制成，绕组的电阻较大，笼式转子结构简单，但其转动惯量较大。另一种是空心杯转子，它由非磁性材料制成杯形，可看成是导体条数很多的笼式转子，其杯壁很薄，因而其电阻值较大。转子在内外定子之间的气隙中旋转，因空气隙较大而需要较大的励磁电流。空心杯形转子的转动惯量较小，响应迅速。

② 工作原理：交流伺服电动机的工作原理和电容分相式单相异步电动机相似，如图7-1-5所示。在没有控制电压时，气隙中只有励磁绕组产生的脉动磁场，转子上没有起动转矩而静止不动。当有控制绕组有电压且控制绕组电流和励磁绕组电流不同相时，则在气隙中产生一个旋转磁场并产生电磁转矩，使转子沿旋转磁场的方向旋转。

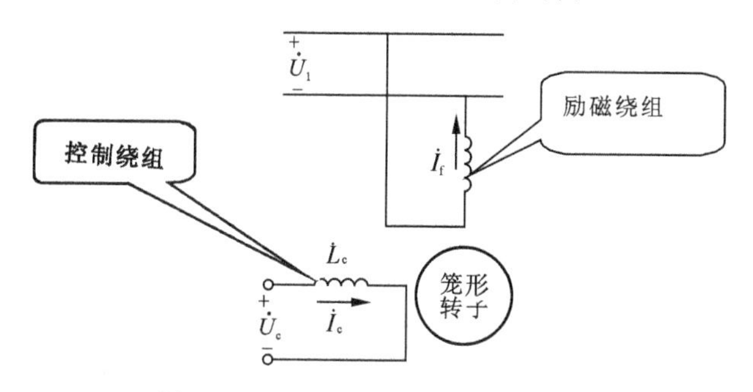

图7-1-5 交流伺服电动机工作原理图

对伺服电动机的要求是：在控制电压作用下能起动，电压消失后电动机应能立即停转。如果控制电压伺服电动机消失后像一般单相异步电动机那样继续转动，则出现失控现象，我们把这种因失控而自行旋转的现象称为自转。

可以通过增加伺服电动机的转子电阻来消除自转现象。

4）控制方式

改变加在控制绕组上的电压的大小和相位，能够改变电动机转速的大小和方向。

① 幅值控制，如图7-1-6所示。保持控制电压与励磁电压间的相位差不变，仅改变控制电压的幅值。若 $U_c=0$，则转速为0，电动机停转。

② 相位控制。改变控制电压的相位，从而改变控制电流与励磁电流之间的相位角来控制电动机的转速。I_c 与 I_f 之间的相位角为0°时，转速为0，电动机停转。

③ 幅相控制，如图7-1-7所示。说明：

a. 图表示同时改变控制电压 U_c 的幅值及 I_C 与 I_f 之间的相位角来控制电机的转速的原理。其中 C 为移向电容

b. 图表示 U_c 改变时，I_f 也跟着改变的向量关系图。

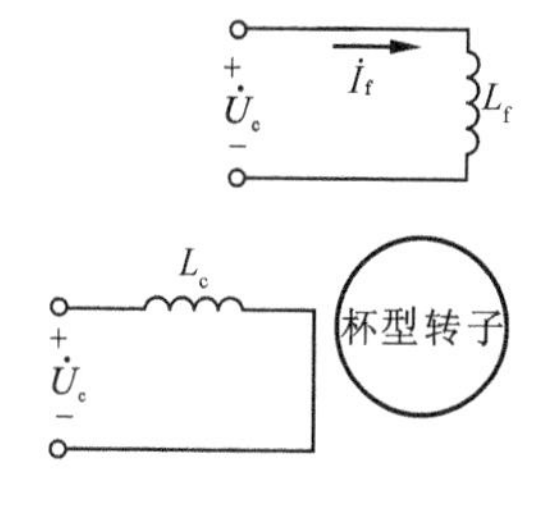

图7-1-6 幅值控制图

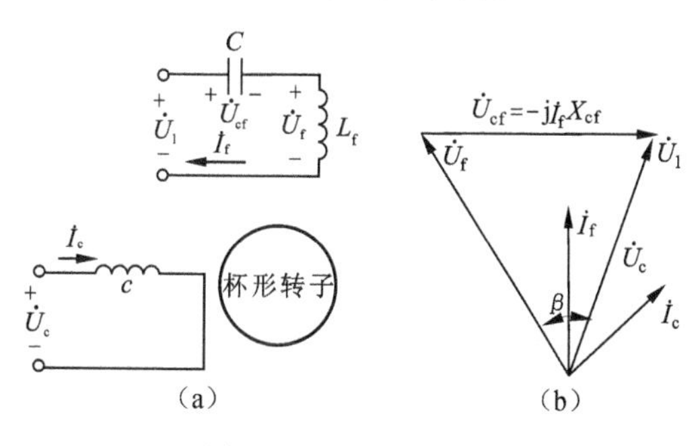

图7-1-7 幅相控制图

5）直流伺服电动机的结构及工作原理

直流伺服电动机经常用在功率稍大的系统中，它的输出功率一般为 1 ~ 600 W。其用途很多，如随动系统中的位置控制等。

直流伺服电动机与普通直流电动机的结构和原理方面没有根本区别。

① 直流伺服电动机的分类，如表 7-1-1 所示。

表 7-1-1　直流伺服电动机的分类

分类方式	电动机名称	特点
按励磁方式分类	永磁式直流伺服电动机	不需要励磁绕组和励磁电源
	电磁式直流伺服电动机	一般采用他励结构
按转子结构分类	空心杯形转子直流伺服电动机	力能指标较低
	无槽电枢直流伺服电动机	散热好、力能指标高、快速性好

② 控制方式及原理：直流伺服电动机有电枢控制和磁场控制两种形式。电枢控制中，控制电压加到电枢绕组的两端，原理图如图 7-1-8 所示；磁场控制是改变电磁式直流伺服电动机励磁绕组电压的方向和大小的控制方式。

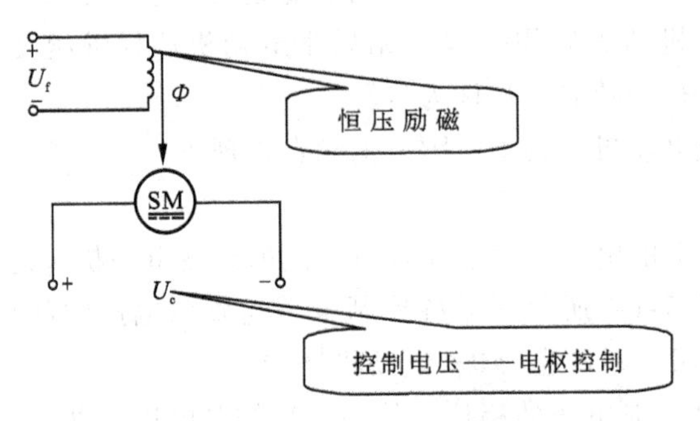

图 7-1-8　电枢控制式直流伺服电动机原理图

其转速方程式为

$$n = \frac{U_a}{C_e\Phi} - \frac{R_a}{C_e C_T \Phi^2}T = n_0 - \beta T$$

当控制信号不同时，即 U_a 不同时，机械特性为一组平行的直线，如图 7-1-9 所示。当 U_a 大小一定时，转矩 T 增加时，转速 n 下降；反之，当转矩 T 减小时，转速 n 上升，转矩 T 与转速 n 之间成反比关系。

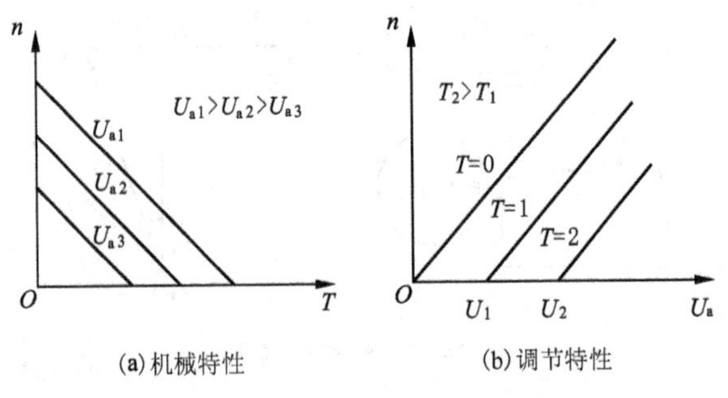

(a) 机械特性　　(b) 调节特性

图 7-1-9　直流伺服电动机的特性

电动机在一定负载转矩下，转速与控制电压的关系称为电动机的调节特性。从直流电动机的调节特性上看出，当 $n=0$ 时，不同转矩需要的控制电压也不同。例如 $T=T_1$，$U_a=U_1$，表示只有当控制电压 $U_a>U_1$ 的条件下，电动机才转得起来。另外，控制电压从 $0\sim U_1$ 一段范围内，电动机不转，故称区域为电动机的死区或失灵区，称 U_1 为始动电压。显然，负载越大，死区也越大。空载时，只要有信号电压 U_a，电动机就转动。因此直流伺服电动机的调节特性也是很理想的。

2. 测速发电机

1）测速发电机的应用

测速发电机将机械转速转换为相应的电压信号，在自动控制系统中常用作测量转速的信号元件。如图 7-1-10 所示为测速发电机在雷达天线跟踪系统中的应用。

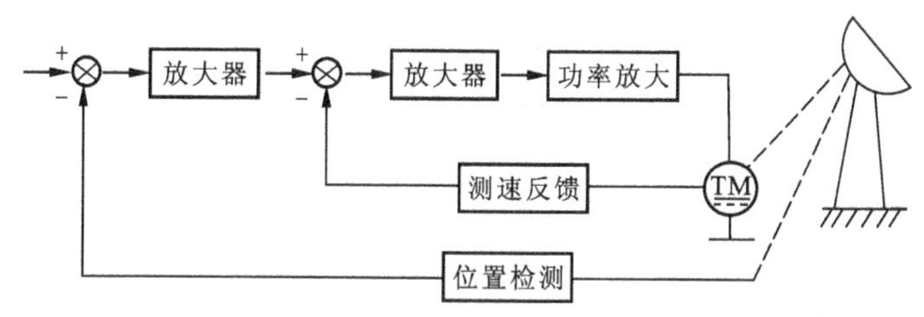

图 7-1-10 雷达天线跟踪系统

自动控制系统中对测速发电机的要求：

① 输出电压与速度保持严格的线性关系，且不随外界条件的改变而变化；

② 剩余电压（转速为零时的电压）小；

③ 输出电压对转速的变化反应灵敏，测速发电机输出特性的斜率要大；

④ 惯性小、反应快、使用可靠。

2）认识测速发电机

① 常见的测速发电机如图 7-1-11 所示。

② 测速发电机的分类，如表 7-1-2 所示。

表 7-1-2 测速发电机的分类

分　类	特　点
直流测速发电机	输出功率大
交流测速发电机	输出功率小

图 7-1-11 常见的测速发电机

3）直流测速发电机的结构及工作原理

（1）结构

直流测速发电机与小型普通直流发电机的结构相同，通常是两极电机。按照励磁方式分为他励式和永磁式两种。

他励式测速发电机的磁极由铁心和励磁绕组构成，在励磁绕组中通入直流电流便可以建立极性恒定的磁场。它的励磁绕组电阻会因电机工作温度的变化而变化，使励磁电流及其生成的磁通随之变化，产生线性误差。

永磁式测速发电机的磁极由永久磁铁构成，不需励磁电源。磁极的热稳定性较好，磁通随电机工作温度的变化而变化的程度很小，但易受机械振动的影响而引发不同程度的退磁。

（2）工作原理

直流测速发电机的结构和工作原理与直流发电机是一样的，如图 7-1-12 所示。当励磁电压 U_f 恒定且主磁通 Φ 不变时，测速发电机的电枢与被测机械连轴而随之以转速 n 旋转，电枢导体切割主磁通 Φ 而在其中生成感应电动势 E。电动势 E 的极性决定于测速发电机的转向，电动势 E 的大小与转速成正比，即

$$E = C_e \Phi n \tag{7-1-1}$$

注意：直流测速发电机的输出电压与转速要严格保持正比关系在实际中是难以做到的，造成这种非线性误差的原因主要有以下三个方面：电枢反应，温度的影响和接触电阻。

负载 R 一定，当转速较高时 U 较大，I_a 也较大，电枢反应产生的去磁作用使得磁通减小，输出电压要降低，为了减小电枢反应的作用，使用测速发电机时，转速范围不要太大，负载电阻不能太小，还必须安装补偿绕组。

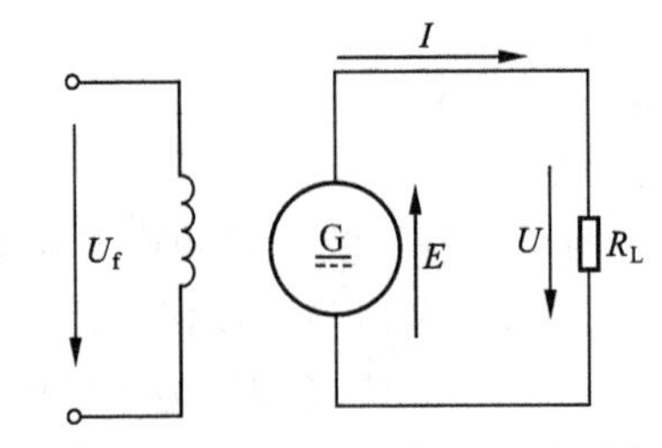

图 7-1-12　直流测速发电机原理图

4）交流测速发电机的结构及工作原理

（1）结构

交流测速发电机分为同步测速发电机和异步测速发电机。下面介绍在自动控制系统中应用较广的交流异步测速发电机。

异步测速发电机的结构与交流伺服电动机相似，它主要由定子、转子组成，根据转子结构的不同分为笼式转子和空心杯转子两种。其中空心杯转子测速发电机结构如图 7-1-13 示。空心杯转子的应用较多，它由电阻率较大、温度系数较小的非磁性材料制成，以使测速发电机的输出特性线性度好、精度高。杯壁通常只有 0.2～0.3mm 的厚度，转子较轻，测速发电机的转动惯性较小。

空心杯转子异步测速发电机的定子分为内、外定子。内定子上嵌有输出绕组，外定子上嵌有励磁绕组并使两绕组在空间位置上有相差 90°电角度。内外定子的相对位置是可以调节的，可通过转动内定子的位置来调节剩余电压，使剩余电压为最小值。

（2）工作原理

如图 7-1-14 所示，N_1 是励磁绕组，N_2 是输出绕组。给励磁绕组 N_1 加频率 f 恒定，电压 U_f 恒定的单相交流电，测速发电机的气隙中便会生成一个频率为 f、方向为励磁绕组 N_1 轴线方向（即 d 轴方向）的脉振磁动势及相应的脉振磁通，分别称为励磁磁动势及励磁磁通。

当转子不动时，励磁磁通在转子绕组（空心杯转子实际上是无穷多导条构成的闭合绕组）中感应出变压器电动势，变压器电动势在转子绕组中产生电流，转子电流由 d 轴的一边流入而在另一边流出，转子电流所生成的磁动势及相应的磁通也是脉振的且沿 d 轴方向脉振，分别称为转子直轴磁动势及转子直轴磁通。励磁磁动势与转子直轴磁动势都是沿 d 轴方向脉振的，两个磁动势合成而产生的磁通也是沿 d 轴方向脉振的，称之为直轴磁通 Φ_d。由于直轴磁通 Φ_d 与输出绕组 N_2 不交链，所以输出绕组没有感应电动势，其输出电压 $U_2=0$。

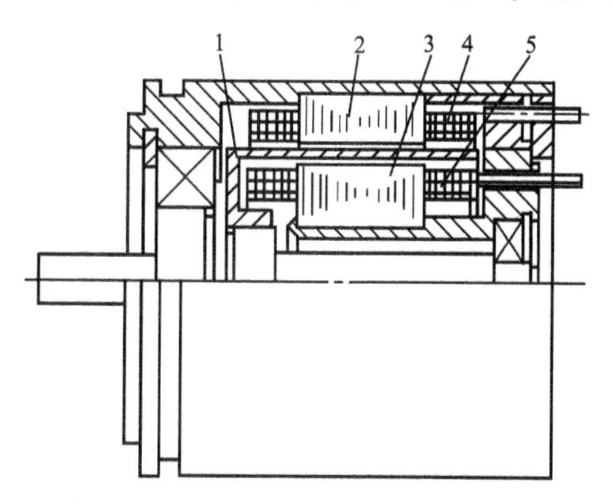

图 7-1-13 空心杯转子测速发电机结构

1—空心杯转子；2—外定子；3—内定子；4—励磁绕组；5—输出绕组

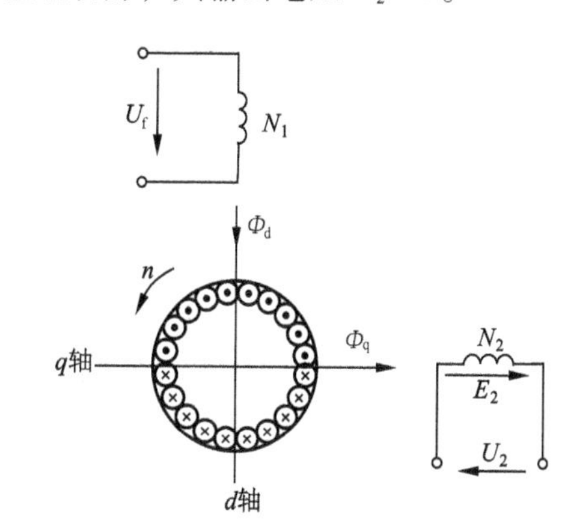

图 7-1-14　转子转动时

转子旋转时，转子绕组切割直轴磁通 Φ_d 产生切割电动势 E_q。由于直轴磁通 Φ_d 是脉振的，因此切割电动势 E_q 也是交变的，其频率也就是直轴磁通的频率 f，切割电动势 E_q 在转子绕组中产生频率相同的交变电流 I_q，电流 I_q 由 q 轴的一侧流入而在另一侧流出，电流 I_q 形成的磁动势及相应的磁通是沿 q 轴方向以频率 f 脉振的，分别称为交轴磁动势 F_q 及交轴磁通 Φ_d。交轴磁通与输出绕组 N_2 交链，在输出绕组中感应出频率为 f 的交变电势 E_2。

3. 步进电动机

1）步进电动机的应用

步进电动机是一种将脉冲信号转换为相应的角位移或线位移的机电元件。它由专门的电源供给脉冲信号电压，当输入一个电脉冲信号时，它就前进一步，其输出的角位移量或线位移量与输入脉冲数成正比，而转速与脉冲频率成正比。如图 7-1-15 所示，步进电动机在经济型数控系统中作为执行元件得到广泛应用。

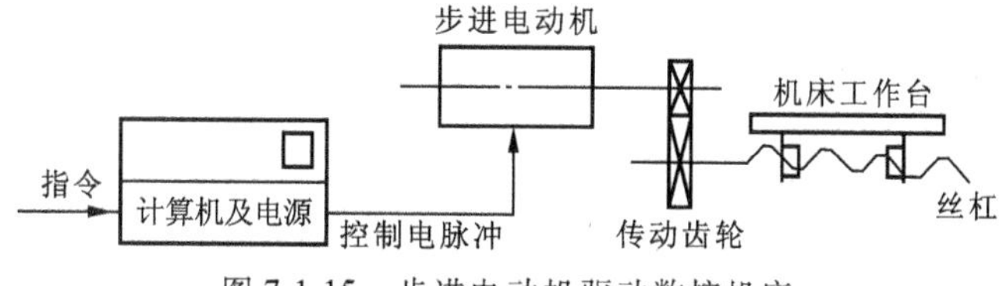

图 7-1-15　步进电动机驱动数控机床

自动控制系统中对步进电动机的性能要求：

① 调速范围宽，应尽量提高最高转速以提高劳动生产率；

② 动态性能好，能迅速起动、正反转和停转；

③ 加工精度较高，即要求一个脉冲对应的位移量小，并要精确、均匀，这就要求步进电动机步距小，步距精度高，不丢步或越步；

④ 输出转矩大，可直接带动负载。

2）认识步进电动机

① 常见的步进电动机如图 7-1-16 所示。步进电动机模型结标示意图如图 7-1-17 所示。

（*a*）直线型步进电动机

（*b*）磁阻式步进电动机

（*c*）永磁式步进电动机

（*d*）感应式步进电动机

图 7-1-16 常见的步进电动机

② 步进电动机的分类：步进电动机按工作方式的不同，可分为功率式和伺服式两种：功率式步进电动机输出转矩较大，能直接带动较大的负载；伺服式步进电动机输出转矩较小，只能带动较小的负载，对于大负载通过液压放大元件来转动。

步进电动机按工作需原理不同，可分为反应式、永磁式、感应式等。

步进电动机按相数可分为单相、两相、三相、四相、五相、六相和八相等八种。增加相数能提高性能，但电动机的结构和驱动电源会复杂，成本亦会增加。

以前反应式步进电动机应用较多，目前混合式步进电机的应用更为广泛。

3）三相反应式步进电动机的结构及工作原理

下面以三相反应式步进电动机为例，介绍其结构和工作原理。

① 三相反应式步进电动机的结构（见图 7-1-17）。

② 三相反应式步进电动机的工作原理（见图 7-1-18）。

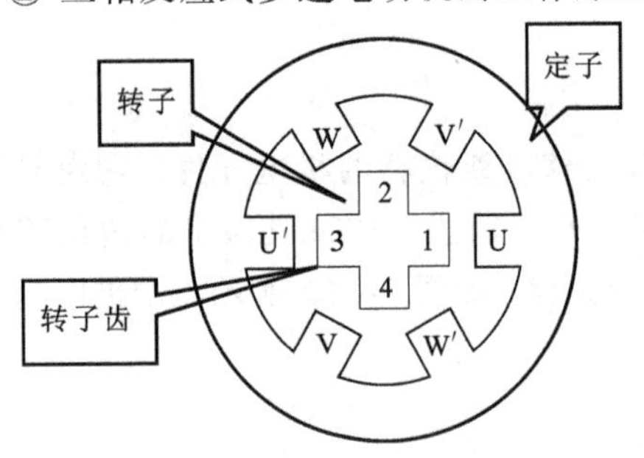

图 7-1-17 三相反应式步进电动机模型结构示意图

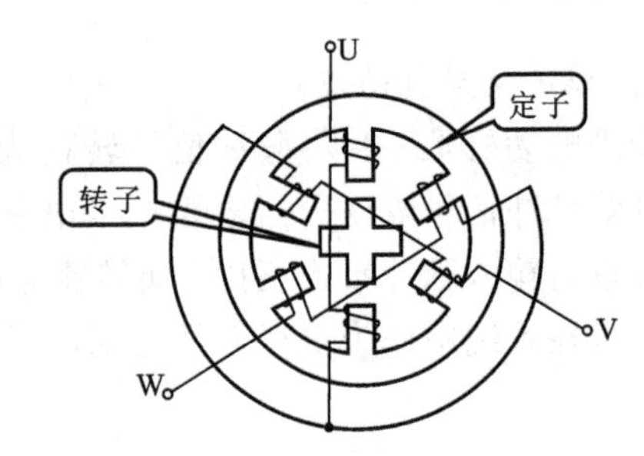

图 7-1-18 三相反应式步进电动机的工作原理图

定子的六个磁极上有控制绕组，两个相对的磁极组成一相。

注意：这里的相和三相交流电中的“相”的概念不同，步进电机通的是直流电脉冲。

步进电机的工作方式可分为：三相单三拍、三相单双六拍、三相双三拍等。

① 三相单三拍：三相绕组中的得电顺序为：U→V→W→U 也可以为 U→W→V→U。

如图 7-1-19 所示，U 相得电，U 方向的磁通经转子形成闭合回路。若转子和磁场轴线方向原有一定角度，则在磁场的作用下，转子被磁化，吸引转子，使转子的位置力图使得

U 相磁路的磁阻最小，使转、定子的齿对齐停止转动。

同理，V 相得电，转子 2、4 齿和 V 相轴线对齐，相对 U 相得电位置转 30°；W 相得电再转 30°，如图 7-1-20 所示。

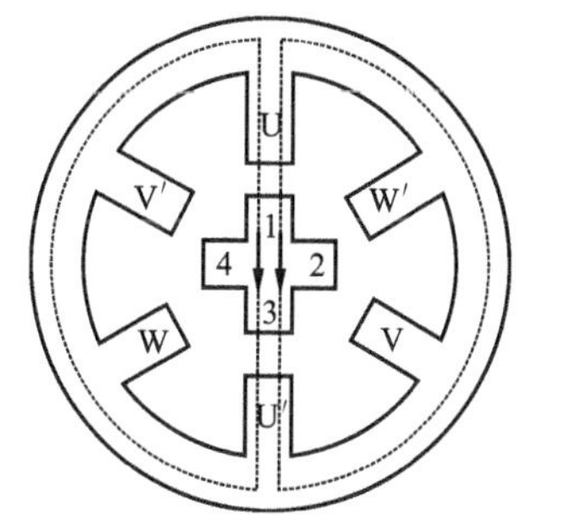

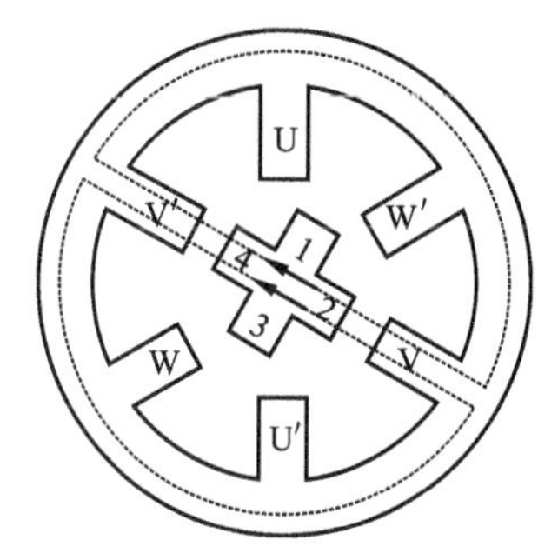

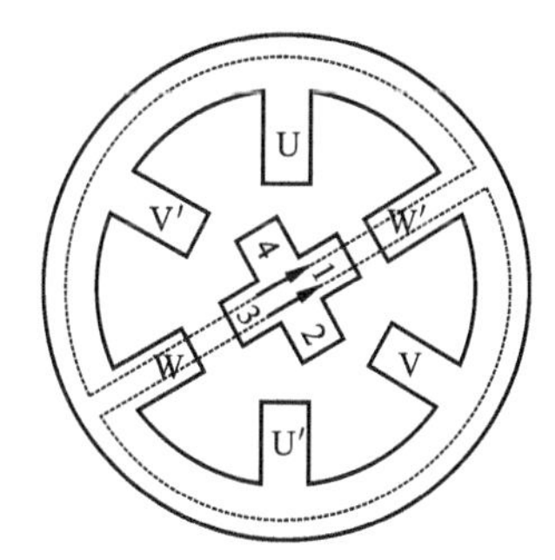

图 7-1-19 U 相得电

图 7-1-20 V 相、U 相得电

这种工作方式，因三相绕组中每次只有一相得电，而且，一个循环周期共包括三个脉冲，所以称三相单三拍。

三相单三拍的工作特点：

- 每来一个电脉冲，转子转过 30°，此角称为步距角，用 θ_s 表示；
- 转子的旋转方向取决于三相线圈得电的顺序，改变得电顺序可改变转向。
- 该控制方式运行不稳定，很少采用。切换瞬间，转子失去自锁能力，容易失步（即转子转动步数与拍数不相等），在平衡位置也容易产生振荡。

② 三相单双六拍：三相绕组的得电顺序为：U→UV→V→VW→W→WU→U 共六拍。图 7-1-21 所示为 U 相得电、UV 相同时得电、V 相得电的分析说明。

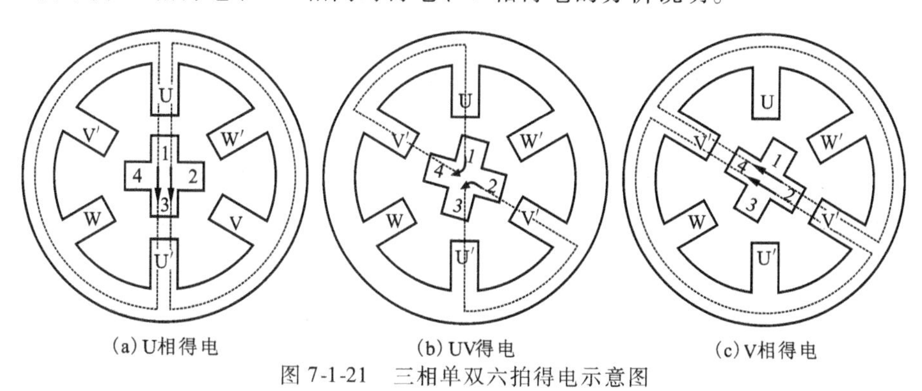

图 7-1-21 三相单双六拍得电示意图

原理分析：U 相得电，转子 1、3 与 UU′对齐。U、V 相同时得电时，VV′磁场对 2、4 齿有磁拉力，该拉力使转子顺时针方向转动。UU′磁场继续对 1、3 齿有拉力。所以转子转到两磁拉力平衡的位置上。相对 U 相得电，转子转了 15°。V 相得电，转子 2、4 齿和 V 相对齐，又转了 15°。

总之，每个循环周期，有六种得电状态，所以称为三相六拍，步距角为 。

③ 三相双三拍：三相绕组的得电顺序为：UV→VW→WU→UV 共三拍。每通入一个电脉冲，转子也是转 30°，即 $\theta_s = 30°$。图 7-1-22 所示为 UV 相得电、VW 相同时得电、WU 相得电的分析说明。

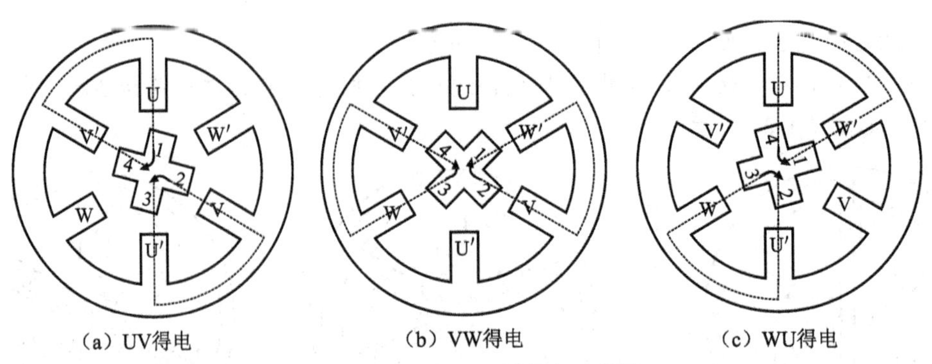

（a）UV得电　（b）VW得电　（c）WU得电

图 7-1-22　三相双三拍得电示意图

以上三种工作方式，三相双三拍和三相单双六拍较三相单三拍稳定，因此较常采用。

（3）相关概念

“一拍”：控制绕组从一种得电状态变换到另一种得电状态。

步距角 θ_b：每一拍转子转过的角度。

$$\theta_b = \frac{360°}{Z_r N} \tag{7-1-4}$$

式中 Z_r 表示转子齿数，N 表示转子转过一个齿距需要的拍数。

转速：

$$n = \frac{60f}{NZ_r} \tag{7-1-5}$$

其中 f 表示脉冲电源的频率。

（4）小步距角的步进电动机

步距角越小，机加工的精度越高。为满足生产中小位移量的要求，须减小步距角。根据步距角公式（7-1-4）可知通过改变 Z_r 或 N 来实现要求。

① 改变 Z_r——多齿结构。

实际中转子和定子磁极都加工成多齿结构：如图 7-1-23 所示，$Z_r=40$，定子仍是 6 个磁极，但每个磁极上也有五个齿。

② 增加相数：增加相数也可以增加拍数从而减小步距相数增多，常用的步进电动机除了三相以外，还有四相、五相和六相。但是相数越多，电源就越复杂，成本也较高，因此，目前步进电动机一般最多六相，也有个别更多相的。

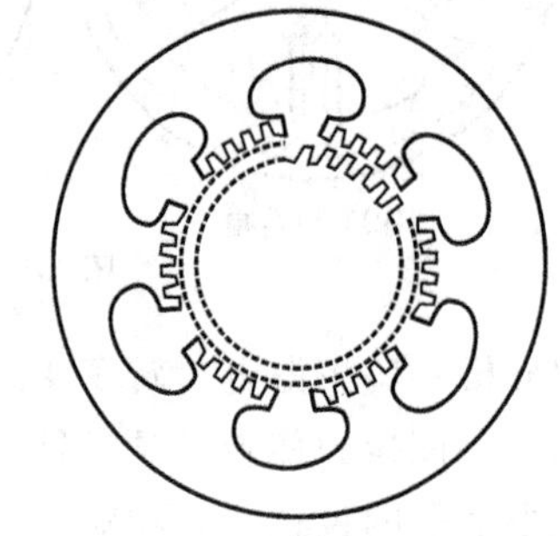
图 7-1-23　$Z_r=40$ 的步进电动机结构图

例 7-1　$Z_r=40$ 的步进电动机，采用三相单三拍得电时的步距角和转速？采用三相六拍得电时的步距角和转速？

解：　采用三相单三拍：

$$\theta_b = \frac{360°}{Z_r N} = \frac{360°}{40 \times 3} = 3°,\quad n = \frac{60f}{NZ_r} = \frac{60f}{40 \times 3} = \frac{f}{2}$$

采用三相六拍通电时：

$$\theta_{b}=\frac{360^{\circ}}{Z_{r}N}=\frac{360^{\circ}}{40\times 6}=1.5^{\circ},\quad n=\frac{60f}{NZ_{r}}=\frac{60f}{40\times 6}=\frac{f}{4}$$

4. 直线电动机

1）直线电动机的应用

直线电动机应用于要求直线运动的某些场合时，可以简化中间传动机构，使运动系统的响应速度、稳定性、精确度提高。直线电动机在工业、交通运输等行业中的应用日益广泛。如图 7-1-24 所示为磁力悬浮车体，它是应用直线电动机驱动技术，使列车在轨道上浮起滑行进行工作的。

图 7-1-24 直线电动机在磁悬浮列车上的应用

2）认识直线电动机

（1）常见的直线电动机

常见的直线电动机如图 7-1-25 所示。

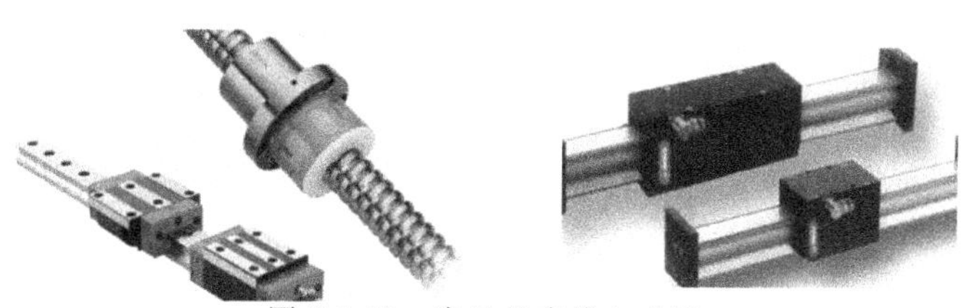

图 7-1-25 常见的直线电动机

（2）直线电动机的分类

直线电动机可分为直线直流电动机、直线异步电动机（直线感应电动机）、直线同步电动机、直线步进电动机。其中直线感应电动机成本低，应用最广。

3）直线感应电动机的结构及工作原理

由于直线感应电动机的应用最广，此处仅介绍直线感应电动机。

（1）主要类型和基本结构

① 扁平形感应电动机：若把旋转式电动机（见图 7-1-26（a））沿径向剖开，并将电机的圆周拉平展开，则可演变成扁平形交流直线电动机（见图 7-1-26（b））。旋转电动机的定子和转子分别对应直线电动机的一次侧和二次侧。

② 圆筒形（管形）感应电动机（见图 7-1-27）：专门用于高速高响应同时又需要高精度的运动应用，成本也相应较高。在许多运动应用中，管状直线伺服电动机可以直接替换螺杆、滚珠丝杆、凸轮、液压和气动传动的装置。

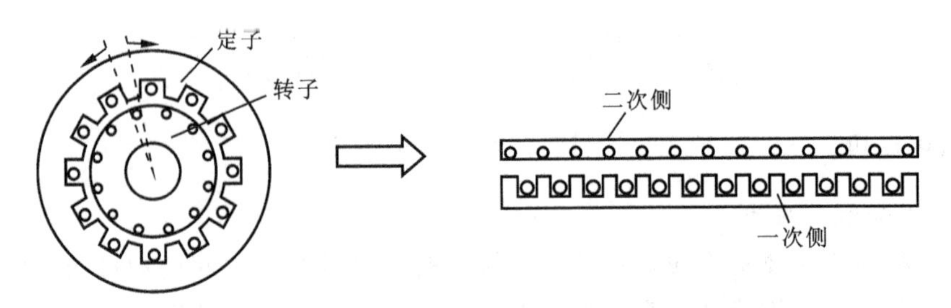

(a)旋转式感应电动机　　(b)直线感应电动机

图 7-1-26　旋转式感应电动机演变成直线感应电动机

圆筒型（管型）感应电动机具有以下特点：高控制性能、低惯量、高响应速度和加速度、无齿槽效应运动极其平稳、工作可靠性高、精度高、适应环境范围广、长寿命、维护费小、工作运行安静、单一运动部件、直接驱动效率高、体积紧凑轻量、安装容易、对环境没有影响或污染等。电机可配备直线光学尺，保证运动的高准确性。

③ 圆盘形感应电动机：二次侧做成扁平的圆盘形状并能够经过圆心的轴自由转动，使圆盘受切向力作旋转运动，如图 7-1-28 所示。

图 7-1-27　圆筒形直线感应电动机

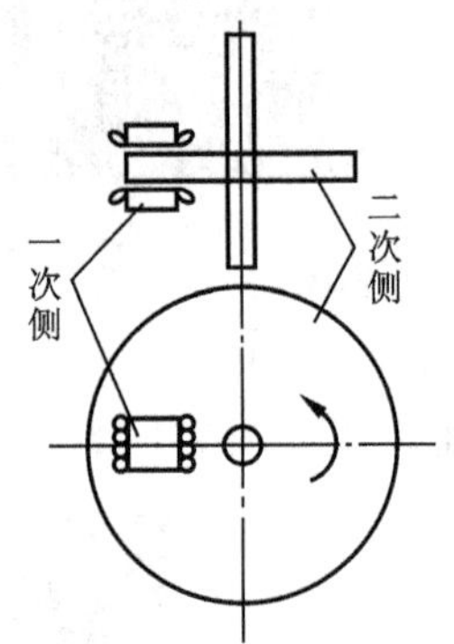

图 7-1-28　圆盘形感应电动机结构图

（2）工作原理

直线感应电动机基本工作原理，如图 7-1-29 所示。

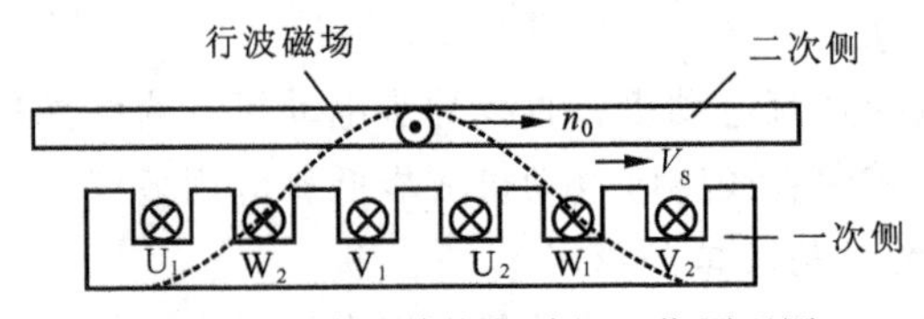

图 7-1-29　直线感应电动机工作原理图

在直线电动机的一次侧通入对称正弦交流电时，就会在一次侧、二次侧产生气隙磁场。分布情况与旋转电动机相似，沿着直线方向按正弦规律分布，但它不是旋转而是沿着直线平移，因此称为行波磁场。行波磁场切割二次侧导条，将在导条中产生感应电动势和电流。磁场和电流相互作用，产生电磁力。如果 一次侧是固定不动的，那么二次侧便在这个电磁力的作用下，顺着行波磁场的移动方向作直线运动。

如果电机极距为 τ，电源频率为 f_1，则行波磁场移动速度为

$$v_s=\frac{D}{2}\frac{2\pi n_0}{60}=\frac{D}{2}\frac{2\pi}{60}\frac{60f_1}{P}=2f_1\tau \tag{7-1-6}$$

二次侧的移动速度为

$$v=(1-s)\ v_s=2\tau\cdot f_1\ (1-s) \tag{7-1-7}$$

转差率 s 为

$$s=\frac{v_s-v}{v_s}\ (0<s<1) \tag{7-1-8}$$

注意： 改变二次侧移动的速度——改变极距或改变电源频率。

改变二次侧移动的方向——改变一次侧绕组中得电相序。

技能与方法

【想一想】：

步进电动机中，角位移和脉冲数是什么关系？角速度和脉冲频率是什么关系？如何用PLC连线控制？

在这里用一套专用的实验装置，包括电动机驱动模块、电动机机构模块、PLC，向步进电动机供给一系列的且有一定规律的电脉冲信号，进行实验。所需材料工具如表7-1-3所示。

表7-1-3　材料、工具的选择

序　号	工　　具	图　　片
1	安装有Windows操作系统的PC一台（具有GX DEVELOPER软件）	
2	步进电动机驱动模块一块	
3	步进电动机机构模块一块	
4	电信号开关模块一台	

续表

序　号	工　　　具	图　　　片
5	转速表一个	
6	三菱 PLC 模块一台	
7	PLC 编程电缆一根	
8	导线若干	

【练一练】:

1. 步进驱动器与电动机的接线

在步进驱动模块面板的 24V 和 0V 端子引入 DC 24V 电源。

驱动器的输入信号为 CP +、CP - 和 DIR +、DIR -，如图 7-1-30 所示。在外部接成共阳方式：把 CP + 和 DIR + 接在一起作为共阳端，由电气箱中 PLC 的 Y0 端子输出脉冲信号。脉冲信号接入 CP - 端，方向信号接入 DIR - 端。分别把电动机的 A 相、B 相接入驱动器的 A 相、B 相输出端。

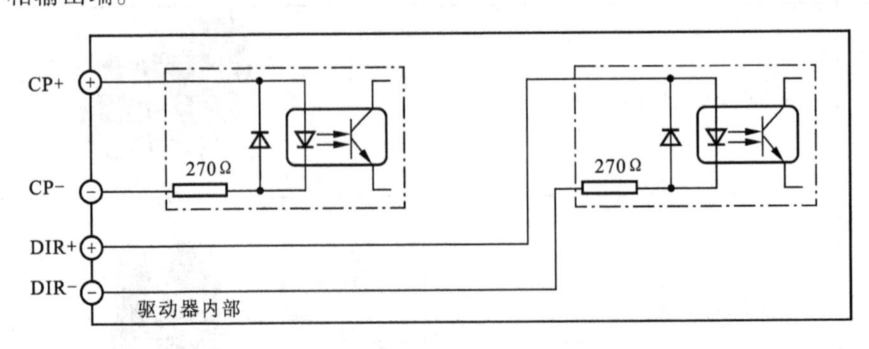

图 7-1-30　驱动器输入信号接口图

2. PLC 的接线

接线图如图 7-1-31 所示。

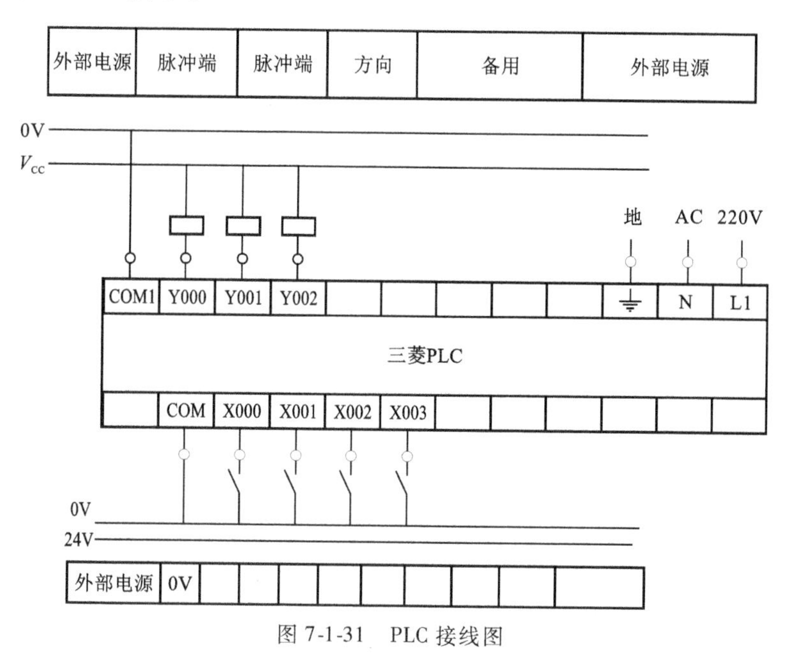

图 7-1-31　PLC 接线图

3. 步进电动机的驱动控制

步进电动机与 PLC 驱动控制实验步骤如下：

① 在断电下，配置 PLC 的输入、输出线。

② 由指导老师检查配线后，再通电。

③ 编写 PLC 的程序

输入图 7-1-32 所示指令，并观察程序的运行结果，分别改变 Y000、Y001 的输出状态，观察步进电动机的运行方式。

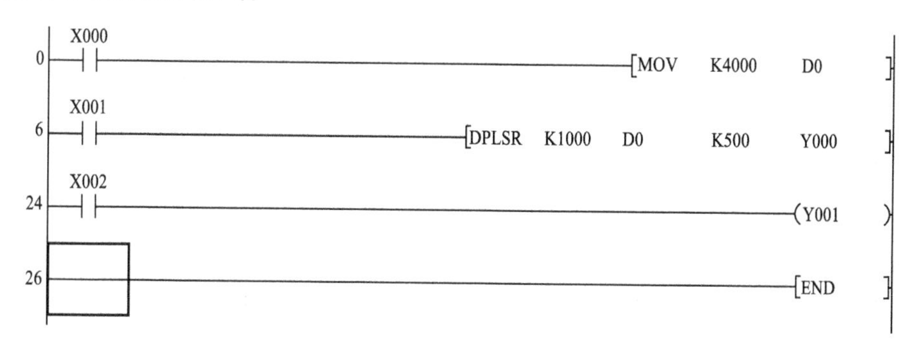

图 7-1-32　PLC 程序示例

④ 将观察的结果填入表 7-1-4 中，写出步进电动机的运行与 Y000、Y001 状态的关系，步进电动机的运行速度与行走的距离与 D0、K1000 的关系。

表 7-1-4 状态关系

参数 / 轴	Y000	Y001	D0	K 值	备注
轴运行					
轴运行速度					
轴运行距离					

⑤ 测试不同细分度的突跳频率。

切换驱动器上的细分度设置，重复步骤①完成实验并做相应的记录，填写表 7-1-5。

表 7-1-5 不同细分度突跳频率记录表

细分度	突跳频率/Hz
2	
5	
10	
20	
40	

⑥ 观察步进电动机的运动方向。

输入如图 7-1-33 所示的梯形图指令，并观察程序的运行结果，改变 Y000、Y002 的输出状态，观察步进电动机的运行方式。

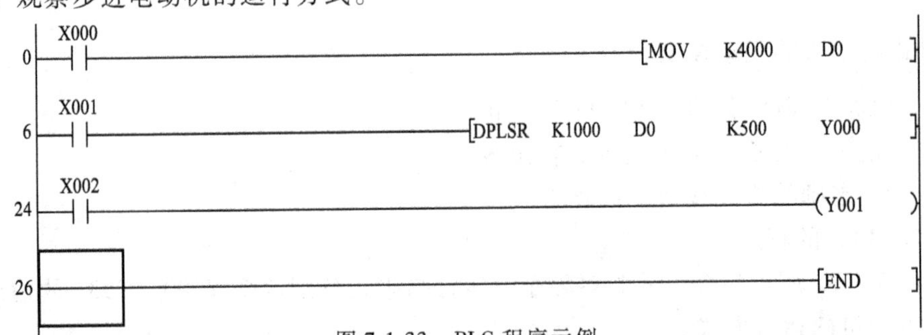

图 7-1-33 PLC 程序示例

当 Y002 = ________时，步进电动机________转；

当 Y002 = ________时，步进电动机________转；（顺时针旋转为正转，逆时针旋转为反转）

4. 步进电动机的精确控制

步进电动机精确控制实验步骤如下：

① 在断电下，配置 PLC 的输入、输出线。

② 连接驱动器模块和电动机模块的各端子。图 7-1-34 所示为测速模块的接线。

③ 由指导老师检查配线后，再得电。

④ 编写 PLC 的程序。

⑤ 按实验原理与内容的要求，更改 PLC 的脉冲步数并填写表 7-1-6 ~ 表 7-1-8。

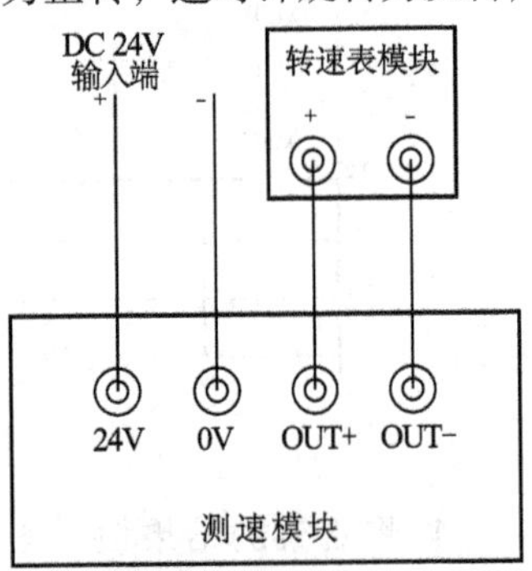

图 7-1-34 测速模块接线

表 7-1-6 步数 = 400 步

次 数	电动机实际偏转角度	电动机理论偏转角度
1		
2		

表 7-1-7 步数 = 800 步

次 数	电动机实际偏转角度	电动机理论偏转角度
1		
2		

表 7-1-8 步数 = 1200 步

次 数	电动机实际偏转角度	电动机理论偏转角度
1		
2		

（6）按实验原理与内容的要求，更改 PLC 的脉冲频率并填写表 7-1-9 ~ 表 7-1-12。

表 7-1-9 单位时间频率 = 1000 个

次 数	电动机实际转速	电动机理论偏转转速
1		
2		

表 7-1-10 单位时间频率 = 1000 个

次 数	电动机实际转速	电动机理论偏转转速
1		
2		

表 7-1-11 单位时间频率 = 2000 个

次 数	电动机实际转速	电动机理论偏转转速
1		
2		

表 7-1-12 单位时间频率 = 3000 个

次 数	电动机实际转速	电动机理论偏转转速
1		
2		

注意：电动机不能正常运转，一定要仔细检查原因，进行分析：通常检查线路是否有断开处，是否有脉冲信号输出，A、B 相是否接反；

在步进电动机控制实验中，CP + 和 DIR + 输入 +24V 电源。务必在驱动器断电的情况下，设置驱动器上的细分度；

试验中可以发现，步进电动机存在最高突跳频率。

①要注意实验工具的使用与选择。②要客观地对实验数据进行分析，得出结论。③实训完毕进行 6S 整理。

总结与评价

理论知识部分主要通过学生口头报告、作业形式进行小组评价或教师评价。实操技能部分，一方面要对学生在实操中各个环节运用的有关方法、掌握技能的水平进行定性评价，另一方面还要对学生的实践操作结果进行抽样测量、检查，给予最终定量评价，如表7-1-13所示。

表 7-1-13 项目评价记录表

评价项目	项目评价内容		分 值	自我评价	小组评价	教师评价	得分
理论知识	交直流伺服电机的结构和工作原理		5				
	交直流伺服电机的控制方式		5				
	交直流测速发电机的结构和工作原理		5				
	步进电机的结构、工作原理、工作方式		10				
	直线电机结构和工作原理		5				
实操技能	步进电机的接线		10				
	步进电机的转速控制方法		10				
	步进电机的位置控制方法		10				
安全文明生产	工量具的正确使用		5				
	遵守操作规程或实训室实习规程		5				
	工具量具的正确摆放与用后完好性		5				
	实训室安全用电		10				
学习态度	6S 整理		5				
	出勤情况		5				
	车间纪律		5				
个人学习总结	成功之处						
	不足之处						
	改进措施						

思考与练习

1. 填空题

(1) 伺服电动机的作用是将输入的电压信号（即控制电压）转换成轴上的______或______输出。其最大特点是：______，______。转轴转向和转速是由______决定的。

(2) 自动控制系统中对伺服电动机的性能要求：______、______、______、______。

(3) 直流伺服电动机根据控制方式不同分为______和______控制两种形式。______中，控制电压加到电枢绕组的两端，______是改变电磁式直流伺服电动机励磁绕组电压 U_f 的方向和大小的控制方式。

(4) 直流测速发电机与小型普通直流______的结构相同，通常是两极电机。按照励磁方式分为______和______两种。

（5）步进电动机是一种将______转为相应的角位移或线位移的机电元件。它由专门的电源供给脉冲信号电压，当输入一个电脉冲信号时，它就______，其输出的角位移量或线位移量与______成正比，而转速与______成正比。

（6）步进电动机的工作方式可分为______、______、______等。

（7）步进电动机中的“一拍”是指______，一相是指______。

（8）直线电动机可分为______、______、______、______。

（9）异步测速发电机的结构与______相似，它主要由______、______组成，根据转子结构的不同分为笼型转子和______两种。

2. 问答题

（1）什么是自转现象？如何消除？

（2）交流伺服电动机的控制方式有哪些？

（3）说明交流测速发电机的基本工作原理。为什么交流测速发电机的输出电压与转速成正比？实际的输出电压不能完全满足这个要求，主要的误差有哪些？

（4）如何改变步进电动机的转向？步进电动机的转速与什么有关？

（5）什么是步进电动机的步距角？一台步进电动机可以有两个步距角，这是什么意思？什么是单三拍、六拍和双三拍工作方式？

（6）步距角为3°/1.5°的三相反应式步进电动机的转子齿数是多少？当运行频率为1 kHz时，步进电动机的转速是多少？

附录 A　绕组导线的选取

绕组导线的选取是技能要求的一个重要组成部分。导线在选择时要考虑材料、绝缘、截面积、形状等多种因素，其中截面积选取是非常重要的一个环节。

截面积为

$$A_T = I/j$$

式中 I 表示每个绕组的额定电流，单位为 A，由负载大小计算而确定；j 表示电流密度，单位 A/mm^2，一般为 $2 \sim 3\ A/mm^2$。

由截面积 A_T 查表 A-1 选取相近截面积的导线直径 d_1，再由表 A-2 查得漆包线带漆膜的线径 d_2。

表 A-1　常用圆铝、铜线规格（截面积与外径对照表）

直径/mm	截面积/mm²	直径/mm	截面积/mm²
0.05	0.00196	0.06	0.00283
0.07	0.00385	0.08	0.00503
0.09	0.00636	0.1	0.00785
0.11	0.0095	0.12	0.01131
0.13	0.0133	0.14	0.0154
0.15	0.01767	0.16	0.0201
0.17	0.0227	0.18	0.0255
0.19	0.0284	0.2	0.0314
0.21	0.0346	0.23	0.0415
0.25	0.0491	0.27	0.0573
0.29	0.0661	0.31	0.0755
0.33	0.0855	0.35	0.0962
0.38	0.1134	0.41	0.132
0.44	0.1521	0.47	0.1735
0.49	0.1886	0.51	0.204
0.53	0.221	0.55	0.238
0.57	0.255	0.59	0.273

续表

直径/mm	截面积/mm²	直径/mm	截面积/mm²
0. 62	0. 302	0. 64	0. 322
0. 67	0. 353	0. 69	0. 374
0. 72	0. 407	0. 74	0. 43
0. 77	0. 466	0. 8	0. 503
0. 83	0. 541	0. 86	0. 581
0. 9	0. 636	0. 93	0. 679
0. 96	0. 724	1	0. 785
1. 04	0. 849	1. 08	0. 916
1. 12	0. 985	1. 16	1. 057
1. 2	1. 131	1. 25	1. 227
1. 3	1. 327	1. 35	1. 431
1. 4	1. 539	1. 45	1. 651
1. 5	1. 767	1. 56	1. 911
1. 62	2. 06	1. 68	2. 22
1. 74	2. 38	1. 81	2. 57
1. 88	2. 78	1. 95	2. 99
2. 02	3. 2	2. 1	3. 46

表 A-2　常用漆包线规格

裸线直径/mm	漆包线最大外径/mm			漆包线单位长度质量/（kg/km）				
	Q	QQ	QZ、QZL、QY	Q	QQ	QZ	QZL	QY
0. 05	0. 065	—	—	0. 018	—	—	—	—
0. 06	0. 075	0. 09	0. 09	0. 026	0. 028	0. 028	0. 0114	0. 029
0. 07	0. 085	0. 1	0. 1	0. 036	0. 037	0. 037	0. 01458	0. 039
0. 08	0. 095	0. 11	0. 11	0. 046	0. 047	0. 047	0. 01828	0. 05
0. 009	0. 105	0. 12	0. 12	0. 058	0. 059	0. 059	0. 02241	0. 063
0. 1	0. 12	0. 13	0. 13	0. 072	0. 074	0. 074	0. 0269	0. 076
0. 11	0. 13	0. 14	0. 14	0. 087	0. 087	0. 087	0. 03111	0. 092
0. 12	0. 14	0. 15	0. 15	0. 104	0. 104	0. 104	0. 03721	0. 108
0. 13	0. 15	0. 16	0. 16	0. 12	0. 12	0. 12	0. 04302	0. 126
0. 14	0. 16	0. 17	0. 17	0. 14	0. 14	0. 14	0. 04931	0. 145

续表

裸线直径/mm	漆包线最大外径/mm			漆包线单位长度质量/（kg/km）				
	Q	QQ	QZ、QZL、QY	Q	QQ	QZ	QZL	QY
0.15	0.17	0.19	0.19	0.161	0.161	0.161	0.05918	0.167
0.16	0.18	0.2	0.2	0.183	0.183	0.183	0.06646	0.189
0.17	0.19	0.21	0.21	0.206	0.206	0.206	0.07415	0.213
0.18	0.2	0.22	0.22	0.23	0.23	0.23	0.08222	0.237
0.19	0.21	0.23	0.23	0.256	0.256	0.256	0.09081	0.264
0.2	0.225	0.24	0.24	0.285	0.285	0.285	0.09968	0.292
0.21	0.235	0.25	0.25	0.314	0.314	0.314	0.10916	0.321
0.23	0.255	0.28	0.28	0.376	0.376	0.376	0.1334	0.386
0.25	0.275	0.3	0.3	0.443	0.443	0.443	0.1555	0.454
0.27	0.31	0.32	0.32	0.519	0.519	0.519	0.1793	0.529
0.29	0.33	0.34	0.34	0.598	0.598	0.598	0.2046	0.608
0.31	0.35	0.36	0.36	0.685	0.685	0.685	0.2318	0.693
0.33	0.37	0.38	0.38	0.775	0.775	0.775	0.2604	0.784
0.35	0.39	0.41	0.41	0.871	0.871	0.871	0.2984	0.884
0.38	0.42	0.44	0.44	1.025	1.025	1.025	0.3478	1.04
0.41	0.45	0.47	0.47	1.195	1.195	1.195	0.4012	1.21
0.44	0.49	0.5	0.5	1.374	1.374	1.374	0.4582	1.39
0.47	0.52	0.53	0.53	1.566	1.566	1.566	0.5192	1.58
0.49	0.54	0.55	0.55	1.701	1.701	1.701	0.5618	1.72
0.51	0.56	0.58	0.58	1.846	1.843	1.843	0.6168	1.87
0.53	0.58	0.6	0.6	1.992	1.987	1.987	0.6638	2.02
0.55	0.6	0.62	0.62	2.144	2.144	2.144	0.7114	2.17
0.57	0.62	0.64	0.64	2.302	2.302	2.302	0.7614	2.34
0.59	0.64	0.66	0.66	2.466	2.466	2.466	0.8127	2.5
0.62	0.67	0.69	0.69	2.72	2.72	2.72	0.8935	2.76
0.64	0.69	0.72	0.72	2.897	2.897	2.897	0.9485	2.94
0.67	0.72	0.75	0.75	3.173	3.173	3.173	1.0181	3.21
0.69	0.74	0.77	0.77	3.374	3.374	3.374	1.108	3.41
0.72	0.78	0.8	0.8	3.64	3.64	3.64	1.201	3.7
0.74	0.8	0.83	0.83	3.882	3.882	3.882	1.2814	3.92
0.77	0.83	0.86	0.86	4.196	4.196	4.196	1.3821	4.24
0.8	0.86	0.89	0.89	4.527	4.527	4.527	1.4867	4.58
0.83	0.89	0.92	0.92	4.87	4.842	4.842	1.5941	4.92

续表

裸线直径/mm	漆包线最大外径/mm			漆包线单位长度质量/（kg/km）				
	Q	QQ	QZ、QZL、QY	Q	QQ	QZ	QZL	QY
0.86	0.92	0.95	0.95	5.227	5.227	5.227	1.7059	5.27
0.9	0.96	0.99	0.99	5.709	5.709	5.709	1.8612	5.78
0.93	0.99	1.02	1.02	6.107	6.107	6.107	1.981	6.16
0.96	1.02	1.05	1.05	6.493	6.493	6.493	2.1055	6.56
1	1.07	1.11	1.11	7.069	7.069	7.069	2.3166	7.14
1.04	1.12	1.15	1.15	7.62	7.62	7.62	2.4982	7.72
1.08	1.16	1.19	1.19	8.24	8.24	8.24	2.685	8.32
1.12	1.2	1.23	1.23	8.86	8.86	8.86	2.8786	8.94
1.16	1.24	1.27	1.27	9.51	9.51	9.51	3.081	9.95
1.2	1.28	1.31	1.31	10.16	10.16	10.16	3.2893	10.4
1.25	1.33	1.36	1.36	11.02	11.02	11.02	3.5547	11.2
1.3	1.38	1.41	1.41	11.91	11.91	11.91	3.836	12.1
1.35	1.43	1.46	1.46	12.832	12.832	12.832	4.1262	13
1.4	1.48	1.51	1.51	13.81	13.81	13.81	4.4276	14
1.45	1.53	1.56	1.56	14.81	14.81	14.81	4.742	15
1.5	1.58	1.61	1.61	15.84	15.84	15.84	5.0617	16
1.56	1.64	1.67	1.67	17.13	17.13	17.13	5.4658	17.3
1.62	1.71	1.73	1.73	18.456	18.456	18.456	5.88	18.6
1.68	1.77	1.79	1.79	19.82	19.82	19.82	6.3123	20
1.74	1.83	1.85	1.85	21.262	21.262	21.262	6.7506	21.4
1.81	1.9	1.93	1.93	23.03	23.03	23.03	7.3168	23.3
1.88	1.97	2	2	24.845	24.845	24.845	7.886	25.2
1.95	2.04	2.07	2.07	26.73	26.73	26.73	8.4626	27
2.02	2.12	2.14	2.14	28.659	28.659	28.659	9.065	29

直流电动机检修项目有很多，其中电火花导级鉴定是检修项目之一。在进行检修时要注意观察直流电动机运行时电刷与换向器表面的火花情况，等级标准如表 A-3 所示。

表 A-3 电刷下火花等级表

<table>
<tr><th>火花等级</th><th>电刷下火花程度</th><th>换向器及电刷的状态</th><th>允许运行方式</th></tr>
<tr><td>1</td><td>无火花</td><td rowspan="2">换向器上没有黑痕；电刷上没有灼痕</td><td rowspan="3">允许长期连续运行</td></tr>
<tr><td>$1\frac{1}{4}$</td><td>电刷边缘仅小部分有微弱的点状火花或有非放电性的红色小火花</td></tr>
<tr><td>$1\frac{1}{2}$</td><td>电刷边缘大部分或全部有轻微的火花</td><td>换向器上有黑痕出现，用汽油可以擦除；在电刷上有轻微灼痕</td></tr>
<tr><td>2</td><td>电刷边缘大部分或全部有较强烈的火花</td><td>换向器上有黑痕出现，用汽油不能擦除；电刷上有灼痕。短时出现这一级火花，换向器上不出现灼痕，电刷不致烧焦或损坏</td><td>仅在短时过载或有冲击负载时允许出现</td></tr>
<tr><td>3</td><td>电刷的整个边缘有强烈的火花，即环火，同时有大火花飞出</td><td>换向器上有黑痕且相当严重，用汽油不能擦除；电刷上有灼痕。如这一级火花短时运行，则换向器上将出现灼痕，电刷将被烧焦或损坏</td><td>仅在直接起动或逆转的瞬间允许出现，但不得损坏换向器及电刷</td></tr>
</table>

参 考 文 献

[1] 赵承荻，周玲. 电机与变压器[M]. 北京：机械工业出版社，2007.
[2] 郑立东. 电机与变压器[M]. 北京：人民邮电出版社，2008.
[3] 许玉玉. 电机与变压器[M]. 西安：西北工业出版社，2008.
[4] 王生. 电机与变压器[M]. 北京：高等教育出版社，1999.
[5] 曾成碧，赵莉华. 电机学[M]. 北京：机械工业出版社，2009.
[6] 周小群. 简明电工使用手册[M]. 合肥：安徽科技出版社，2007.
[7] 李占平. 电工技术基本功[M]. 北京：人民邮电出版社，2010.
[8] 王俊峰. 学电工技术入门到成才[M]. 北京：电子工业出版社，2007.
[9] 林家祥，刘润田. 电工技能训练[M]. 西安：西安电子科大出版社，2008.
[10] 王毓东. 电机学[M]. 杭州：浙江大学出版社，1990.
[11] 李敬梅. 电力拖动控制线路与技能训练[M]. 北京：中国劳动保障出版社，2007.
[12] 纵剑玲. 电机与电气控制技术[M]. 北京：人民邮电出版社，2010.
[13] 李开勤. 电机与拖动基础[M]. 北京：高等教育出版社，2010.
[14] 韩刚，于东民. 电机检修实训教程[M]. 北京：中国电力出版社，2009.
[15] 李明星，谢胜利. 电机实验指导书[M]. 北京：中国电力出版社，2009.